FORSCHUNGSBERICHTE DES LANDES NORDRHEIN-WESTFALEN

Herausgegeben

im Auftrage des Ministerpräsidenten Dr. Franz Meyers

von Staatssekretär Professor Dr. h. c. Dr. E. h. Leo Brandt

DK 518.3:517.53

Nr. 1003

Prof. Dr. rer. techn. Fritz Reutter

Institut für Geometrie und Praktische Mathematik

an der Technischen Hochschule Aachen

Untersuchungen über die praktische Verwendbarkeit einiger Verfahren der angewandten Mathematik, insbesondere der graphischen Analysis, sowie Entwicklung weiterer Verfahren für bestimmte Anwendungsaufgaben

Als Manuskript gedruckt

SPRINGER FACHMEDIEN WIESBADEN GMBH

1961

Additional material to this book can be downloaded from http://extras.springer.com

ISBN 978-3-663-06560-9 ISBN 978-3-663-07473-1 (eBook)
DOI 10.1007/978-3-663-07473-1

G l i e d e r u n g

Einleitung

In einem früheren Forschungsbericht [5] und einigen damit in Zusammenhang stehenden Veröffentlichungen [7] und [8] wurde über Untersuchungen über die nomographische Darstellung von Funktionen einer komplexen Veränderlichen berichtet. Der jetzt vorliegende Bericht knüpft an jene Untersuchungen an, erweitert sie in verschiedener Hinsicht und beschäftigt sich anschließend mit ihren Anwendungsmöglichkeiten. Außerdem werden zur Lösung von verwandten Aufgaben auch Methoden diskutiert, die außerhalb des Bereiches der Nomographie liegen.

In Kapitel I werden zunächst die in [5] gewonnenen Ergebnisse ausgedehnt auf allgemeinere Systeme von zwei Funktionen zweier reeller Veränderlichen. Es wird ein Kriterium für die Darstellbarkeit eines Funktionensystems durch ein Fluchtliniennomogramm und ein System von Differentialgleichungen zur Ermittlung der Skalenfunktionen angegeben. In Kapitel II werden diese Ergebnisse angewandt auf den Fall, daß die beiden Funktionen des darzustellenden Funktionensystems "konjugierte" Lösungen der eindimensionalen Wellengleichung sind. Es werden die Grundtypen der darstellbaren Partikulärlösungen dieser Gleichung angegeben und eine Reihe von Nomogrammen für diese Partikulärlösungen als Beispiele angeführt. Damit wird es möglich, gewisse Anfangswertprobleme der eindimensionalen Wellengleichung mit nomographischen Hilfsmitteln zu behandeln.

Die in [5] entwickelten Nomogramme für eine Reihe von elementaren sowie für elliptische Funktionen einer komplexen Veränderlichen können mit Vorteil angewandt werden bei der Herstellung konformer Abbildungen, insbesondere von polygonalen Bereichen auf den Einheitskreis, wie sie die Lösung gewisser Randwertprobleme der Potential- und der Bipotentialgleichung aus der Mechanik der Kontinua erfordert. Dabei zeigt sich, daß eine vollständige Behandlung dieser Probleme unter ausschließlicher Verwendung nomographischer Hilfsmittel nur möglich ist, wenn auch die Funktionswerte der Ableitungen elliptischer Funktionen mit Hilfe von Nomogrammen bestimmt werden können. Es gelingt nun, zu zeigen, daß sowohl die Funktionswerte der Ableitungen der elliptischen Funktionen von JACOBI und WEIERSTRASS als auch die der unbestimmten Integrale der JACOBIschen elliptischen Funktionen mit Hilfe der in [5] entwickelten Fluchtliniennomogramme ohne Konstruktion neuer Nomogramme ermittelt werden können. Dies wird in Kapitel III dargelegt.

Als Anwendung von [5] und von Kapitel III werden in Kapitel IV eine Reihe von Beispielen gelöst, und es wird, soweit möglich, der benötigte Arbeitsaufwand mit dem der numerischen Berechnungsweise verglichen. Es wird ferner ein Verfahren angegeben zur Behandlung solcher Fälle, in denen zwar die Abbildungsfunktion nicht nomographierbar ist, aber ihre Umkehrung in geeigneter Weise aus einem Aggregat nomographierbarer Funktionen zusammengesetzt werden kann.

Die in Kapitel IV behandelten Randwertprobleme führen durchweg auf Funktionensysteme, die konjugierte Lösungen der Laplaceschen Gleichung sind. Erweitert man diese Gleichung durch zusätzliche Glieder zu einer allgemeineren linearen partiellen Differentialgleichung 2. Ordnung, so lassen sich die vorgenannten Methoden nicht mehr anwenden. Einige besondere Methoden, die bei gewissen Problemen dieser Art mit Vorteil benutzt werden können, werden in Kapitel V diskutiert. Sie liegen außerhalb des Bereiches der bisher entwickelten nomographischen Methoden. Inwieweit auch nomographische Methoden auf die Behandlung spezieller Probleme dieser Art ausgedehnt werden können, bleibt einer späteren Untersuchung vorbehalten. - Ein großer Teil der Untersuchungen, insbesondere diejenigen in Kapitel III und IV stehen in engem Zusammenhang mit der Herstellung eines großen Tafelwerkes mit Nomogrammblättern, die zur Ablesung von Funktionswerten elliptischer Funktionen dienen. Hierauf wird in VI noch kurz eingegangen.

I. Darstellung eines Systems von zwei Funktionen zweier reeller Veränderlichen durch ein Fluchtliniennomogramm

1. Notwendige und hinreichende Bedingungen für die Darstellbarkeit

Gegeben sei das Funktionensystem

$$x = x(u,v), \quad y = y(u,v) \,. \tag{1,1}$$

Die beiden Funktionen sollen alle im weiteren Verlauf der Untersuchungen benötigten Differenzierbarkeitseigenschaften besitzen. Ferner sei in einem Bereich B der u-v-Ebene

$$\frac{\partial x}{\partial u} \cdot \frac{\partial x}{\partial v} \cdot \frac{\partial y}{\partial u} \cdot \frac{\partial y}{\partial v} \cdot \frac{\partial(x,y)}{\partial(u,v)} \neq 0 \,,$$

so daß (1,1) in B eine eindeutige Auflösung

$$u = u(x,y), \quad v = v(x,y) \tag{1,2}$$

besitzt.

Es wird nun angenommen, daß (1,1) durch ein Fluchtliniennomogramm darstellbar oder kurz "nomographierbar" ist. Es sollen

$$\left.\begin{aligned} \xi &= f_1(u) \\ \eta &= g_1(u) \end{aligned}\right\} \quad \text{und} \quad \left.\begin{aligned} \xi &= f_2(v) \\ \eta &= g_2(v) \end{aligned}\right\} \qquad (1,3)$$

die Gleichungen der Skalen für u und für v bezeichnen.

Nun seien p(u,v) und q(u,v) Abkürzungen für folgende aus den Skalenfunktionen f_i, g_i aufgebaute Ausdrücke:

$$p(u,v) \equiv \frac{f_1''(g_2-g_1) + g_1''(f_1-f_2)}{f_1'(g_2-g_1) + g_1'(f_1-f_2)} - 2\,\frac{f_1'g_2' - f_2'g_1'}{f_2'(g_2-g_1) + g_2'(f_1-f_2)} \,,$$

$$q(u,v) \equiv \frac{f_2''(g_2-g_1) + g_2''(f_1-f_2)}{f_2'(g_2-g_1) + g_2'(f_1-f_2)} - 2\,\frac{f_1'g_2' - f_2'g_1}{f_1'(g_2-g_1) + g_1'(f_1-f_2)} \,. \qquad (1,4)$$

Sind p(u,v), q(u,v) für ein gegebenes Funktionensystem (1,1) explizit ermittelt, so stellt (1,4) ein System von gewöhnlichen Differentialgleichungen für die Skalenfunktionen dar.

Nun läßt sich zeigen, daß bei gegebenem System (1,1) p und q aus dem folgenden linearen Gleichungssystem

$$x_u x_v^2 p + x_v x_u^2 q = x_{uu}\, x_v^2 + x_{vv}\, x_u^2 - 2x_{uv} x_u x_v$$

$$y_u y_v^2 p + y_v y_u^2 q = y_{uu}\, y_v^2 + y_{vv}\, y_u^2 - 2y_{uv} y_u y_v \qquad (1,5)$$

bestimmt werden können. Seine Lösungen sind

$$\left.\begin{aligned} p(u,v) &= \frac{-1}{\frac{\partial(x,y)}{\partial(u,v)}} \begin{vmatrix} \dfrac{x_{uu}x_v^2 + x_{vv}x_u^2 - 2x_{uv}x_u x_v}{x_u x_v}, & x_u \\ \dfrac{y_{uu}y_v^2 + y_{vv}y_u^2 - 2y_{uv}y_u y_v}{y_u y_v}, & y_u \end{vmatrix} \equiv \phi(u,v) \\ q(u,v) &= \frac{+1}{\frac{\partial(x,y)}{\partial(u,v)}} \begin{vmatrix} \dfrac{x_{uu}x_v^2 + x_{vv}x_u^2 - 2x_{uv}x_u x_v}{x_u x_v}, & x_v \\ \dfrac{y_{uu}y_v^2 + y_{vv}y_u^2 - 2y_{uv}y_u y_v}{y_u y_v}, & y_v \end{vmatrix} \equiv \psi(u,v) \end{aligned}\right\} \qquad (1,6)$$

Durch Umformung von (1,4) findet man

$$p(u,v) = -2\frac{\partial}{\partial u}[\ln(f_2'(g_2-g_1) + g_2'(f_1-f_2))] + \frac{\partial}{\partial u}[\ln(f_1'(g_2-g_1) + g_1'(f_1-f_2))]$$

$$q(u,v) = \frac{\partial}{\partial v}[\ln(f_2'(g_2-g_1) + g_2'(f_1-f_2))] - 2\frac{\partial}{\partial v}[\ln(f_1'(g_2-g_1) + g_1'(f_1-f_2))].$$

Durch weitere Umformungen und elementare Rechnungen gewinnt man die Beziehungen

$$\frac{\partial}{\partial v}[\ln(p_v + 2q_u)] = q(u,v)$$

oder (1,7)

$$p_{vv} + 2q_{uv} = q(p_v+2q_u) \quad ,$$

$$\frac{\partial}{\partial u}[\ln(2p_v + q_u)] = p(u,v)$$

oder (1,8)

$$2p_{uv} + q_{uu} = p(2p_v+q_u).$$

Nach (1,6) ist $\Phi = p$ und $\Psi = q$. Daher gelten auch für Φ und Ψ die Differentialgleichungen (1,7) und (1,8). Die so gewonnenen partiellen Differentialgleichungen in Φ und Ψ

$$\Phi_{vv} + 2\Psi_{uv} = \Psi(\Phi_v + 2\Psi_u) \qquad (1,7a)$$

$$2\Phi_{uv} + \Psi_{uu} = \Phi(2\Phi_v + \Psi_u) \qquad (1,8a)$$

sind also notwendige Bedingungen für die Darstellbarkeit des gegebenen Funktionensystems durch ein Fluchtliniennomogramm.

Es läßt sich zeigen, daß sie auch hinreichend sind. Der Beweis ist in [6] geführt. Es gilt also:

Notwendige und hinreichende Bedingung dafür, daß das Funktionensystem (1,1) durch ein Fluchtliniennomogramm mit vier i. a. krummlinigen Skalen für u,v,x,y darstellbar ist, sind die beiden partiellen Differentialgleichungen (1,7a), (1,8a).

2. Ein System von Differentialgleichungen für die Skalenfunktionen

Die Gleichungen (1,6) in Verbindung mit (1,4) stellen ein System von zwei gewöhnlichen Differentialgleichungen zur Bestimmung der Skalenfunktionen f_i, g_i dar. Man kann es durch Hinzunahme der Beziehungen $p_v = \Phi_v(u,v)$ und $q_u = \Psi_u(u,v)$ zu einem System von vier Differentialgleichungen ergänzen.

Dieses System ist leicht lösbar, wenn die Skalenträger für u und für v als Geraden oder Kurven 2. Ordnung angenommen werden können. Sind insbesondere die Träger der Skalen für u und für v Geraden, so bestehen (s. [5]) die Relationen

$$\Phi_v = 0 , \quad \Psi_u = 0 , \quad \text{also} \quad \Phi = \varphi(u), \quad \Psi = \psi(v). \tag{1,9}$$

Es gilt auch die Umkehrung: Sind (1,9) erfüllt, so sind die Träger der Skalen für u und für v Geraden. Nimmt man diese Geraden parallel an, so daß

$$f_1(u) = 0 \quad , \quad f_2(v) = c$$

gesetzt werden kann, so findet man

$$g_1(u) = c_1 \int e^{\int \varphi(u)du} du + d_1 \quad , \quad g_2(v) = c_2 \int e^{\int \psi(v)dv} dv + d_2 . \tag{1,10}$$

Schneiden sich dagegen die Trägergeraden der Skalen für u und für v, so kann man ansetzen

$$g_1(u) = a_1 f_1(u) \quad \text{und} \quad g_2(v) = a_2 f_2(v) \quad ,$$

und man erhält

$$f_1(u) = \frac{-1}{c_1 \int e^{\int \varphi(u)du} du + d_1} \quad ,$$

$$f_2(v) = \frac{-1}{c_2 \int e^{\int \psi(v)dv} dv + d_2} \quad . \tag{1,10a}$$

Liegen die Skalen für u und für v auf einem Kegelschnitt, so gilt (Beweis s. [5])

$$\Phi_v = \Psi_u \quad . \tag{1,11}$$

Ist (1,11) erfüllt, so liegen die Skalen für u und für v auf einem Kegelschnitt.

Ist $\Phi_v \neq 0$, so zerfällt der Kegelschnitt nicht und kann daher speziell als Parabel angesetzt werden, so daß man mit dem Ansatz

$$g_1(u) = f_1^2(u) \quad , \quad g_2(v) = f_2^2(v)$$

in (1,4) eingehen kann. Dann erhält man partikuläre Integrale $f_1(u)$, $f_2(v)$ oder $f_1^*(u)$, $f_2^*(v)$ aus

$$\frac{\Phi_v(u,v_o)}{\Phi(u,v_o) - \Phi(u,v)} = f_1(u) - f_2(v)$$

oder (1,12)

$$\frac{\Psi_u(u_o,v)}{\Psi(u_o,v) - \Psi(u,v)} = f_1^*(u) - f_2^*(v).$$

Vertauscht man in (1,6) u mit x und v mit y, so erhält man zwei Größen $\tilde{\Phi}(x,y)$, $\tilde{\Psi}(x,y)$. Die Träger der Skalen für x und für y sind dann und nur dann Geraden, wenn

$$\tilde{\Phi}_y = 0 \quad , \quad \tilde{\Psi}_x = 0 \tag{1,9a}$$

Die Skalen für x und für y liegen dann und nur dann auf ein und demselben Kegelschnitt, wenn

$$\tilde{\Phi}_y = \tilde{\Psi}_x \quad . \tag{1,11a}$$

Liegt keiner der genannten Sonderfälle vor, so lassen sich die Skalenfunktionen f_i, g_i nach geeigneten Umformungen aus den Gleichungen (1,4) mit Hilfe eines Integrationsverfahrens ermitteln, das zur Bestimmung der f_i, g_i wiederum nur Quadraturen und algebraische Operationen erfordert. Dies wird in einem späteren Bericht ausführlich dargelegt (vgl. hierzu [1]).

Sind die Skalen für u und für v bestimmt, so erhält man diejenigen für x und für y aus den Beziehungen

$$\begin{aligned} \xi = f_3(x,y) &= \frac{f_1[f_2'(g_2-g_1)+g_2'(f_1-f_2)]v_y - f_2[f_1'(g_2-g_1)+g_1'(f_1-f_2)]u_y}{[f_2'(g_2-g_1)+g_2'(f_1-f_2)]v_y - [f_1'(g_2-g_1)+g_1'(f_1-f_2)]u_y} \\ \eta = g_3(x,y) &= \frac{g_1[f_2'(g_2-g_1)+g_2'(f_1-f_2)]v_y - g_2[f_1'(g_2-g_1)+g_1'(f_1-f_2)]u_y}{[f_2'(g_2-g_1)+g_2'(f_1-f_2)]v_y - [f_1'(g_2-g_1)+g_1'(f_1-f_2)]u_y} \end{aligned} \tag{1,13}$$

$$\xi = f_4(x,y) = \frac{f_2[f_1'(g_2-g_1)+g_1'(f_1-f_2)]u_x - f_1[f_2'(g_2-g_1)+g_2'(f_1-f_2)]v_x}{[f_1'(g_2-g_1)+g_1'(f_1-f_2)]u_x - [f_2'(g_2-g_1)+g_2'(f_1-f_2)]v_x}$$

$$\eta = g_4(x,y) = \frac{g_2[f_1'(g_2-g_1)+g_1'(f_1-f_2)]u_x - g_1[f_2'(g_2-g_1)+g_2'(f_1-f_2)]v_x}{[f_1'(g_2-g_1)+g_1'(f_1-f_2)]u_x - [f_2'(g_2-g_1)+g_2'(f_1-f_2)]v_x} . \qquad (1,14)$$

Sind die Skalen für x und für y bestimmt, so erhält man diejenigen für u und für v aus den Beziehungen, die aus (1,13), (1,14) entstehen, indem man x mit u, y mit v vertauscht.

Auf dem in [5], II, 1 angegebenen Wege läßt sich noch folgern:
Alle Fluchtliniennomogramme eines Funktionensystems sind projektiv äquivalent (vgl. hierzu auch [1]).

3. Verknüpfung der beiden Funktionen des Funktionensystems durch ein spezielles System von zwei partiellen Differentialgleichungen erster Ordnung

Die Funktionen des Systems (1,2) seien nun durch ein System von zwei partiellen Differentialgleichungen 1. Ordnung verknüpft. Es soll das folgende System behandelt werden (vgl. hierzu auch [4]):

$$u_x = \frac{h_1(u)}{h_2(v)} \cdot \frac{k_3(x)}{k_4(y)} \cdot v_y$$

$$u_y = \frac{h_1(u)}{h_2(v)} \cdot \frac{k_4(y)}{k_3(x)} \cdot v_x \qquad (1,15)$$

Nun seien vier Funktionen

$$u^* = u^*(u) \ , \ v^* = v^*(v) \ , \ x^* = x^*(x) \ , \ y^* = y^*(y) \qquad (1,16)$$

so bestimmt, daß

$$h_1(u)(u^*(u))' = C_1 \quad , \quad h_2(v)(v^*(v))' = C_2$$

$$\frac{k_3(x)}{(x^*(x))'} = C_3 \quad , \quad \frac{k_4(y)}{(y^*(y))'} = C_4$$

mit konstanten C_1, C_2, C_3, C_4 . Dann geht das System (1,15) durch die Substitutionen (1,16) in das folgende Differentialgleichungssystem mit konstanten Koeffizienten $\tilde{\alpha}$, $\tilde{\beta}$ über:

$$u^*_{x^*} = \tilde{\alpha}\tilde{\beta}\; v^*_{y^*}$$
$$u^*_{y^*} = \varepsilon^2 \frac{\tilde{\alpha}}{\tilde{\beta}} v^*_{x^*}\;, \quad \varepsilon^2 = \pm 1\;. \tag{1,17}$$

Werden für die auftretenden konstanten Koeffizienten die neuen Bezeichnungen λ und μ mit $\lambda\mu > 0$ eingeführt und an Stelle der Variablen u^*, v^*, x^*, y^* wieder u, v, x, y geschrieben, so ergeben sich folgende Typen von zwei speziellen Systemen linearer Differentialgleichungen:

$$u_x = \lambda v_y$$
$$u_y = \varepsilon^2 \mu v_x\;, \qquad \lambda\mu > 0\;. \tag{1,18}$$

Faßt man x und y bzw. u und v als je zwei Bauteile einer verallgemeinerten komplexen Veränderlichen

$$z = \alpha x + \varepsilon\beta y\;, \qquad w = \gamma u + \varepsilon\delta v$$

auf, so läßt sich, wie in [5] nachgewiesen wurde, zeigen, daß alle nomographierbaren Funktionensysteme, die (1,18) genügen, durch die folgende gewöhnliche Differentialgleichung für $z = z(w)$ gekennzeichnet werden können:

$$z''^2 = a_1 z'^6 + a_2 z'^4 + a_3 z'^2 + a_4 \tag{1,19}$$

bzw.

$$w''^2 = a_1 + a_2 w'^2 + a_3 w'^4 + a_4 w'^6\;. \tag{1,20}$$

Dabei sind a_1, a_2, a_3, a_4 konstante reelle Koeffizienten, und es ist mit $\alpha = \gamma = 1$

$$z' = \frac{dz}{dw} = x_u + \varepsilon\sqrt{\frac{\mu}{\lambda}}\, y_u \quad \text{bzw.} \quad w' = \frac{dw}{dz} = u_x + \varepsilon\sqrt{\lambda\mu}\, v_x\;.$$

Die Gleichung (1,19) war bereits in [6] als kennzeichnend für die nomographierbaren Funktionen einer komplexen Veränderlichen nachgewiesen worden. Über die tabellarische Zusammenstellung der nomographierbaren Funktionensysteme, die (1,18) genügen, vergleiche [6].

4. Ermittlung nomographierbarer Lösungen von quasilinearen partiellen Differentialgleichungen zweiter Ordnung mit Hilfe von 3

Durch Differentiation der ersten Gleichung (1,15) nach x und der zweiten nach y bzw. der ersten nach y und der zweiten nach x und durch anschließende Multiplikation mit geeigneten Faktoren und Addition ergibt sich, daß sowohl die Funktion $u = u(x,y)$ als auch $v = v(x,y)$ einer quasilinearen partiellen Differentialgleichung 2. Ordnung für eine unbekannte Funktion φ von folgender Gestalt genügen ($i = 1$ gehört zu u, $i = 2$ zu v):

$$a^2(x)c_i(\varphi)\varphi_{xx} - b^2(y)c_i(\varphi)\varphi_{yy} + a^2(x)c_i'(\varphi)\varphi_x^2 - b^2(y)c_i'(\varphi)\varphi_y^2 + \\ + a(x)a'(x)c_i(\varphi)\varphi_x - b(y)b'(y)c_i(\varphi)\varphi_y = 0 \qquad (1,21)$$

Dabei sind $a(x)$, $b(y)$, $c_i(\varphi)$ bekannte Funktionen ihrer Argumente, die mit $h_1(u)$, $h_2(v)$, $k_3(x)$, $k_4(y)$ wie folgt eindeutig verknüpft sind:

$$a(x) = \frac{1}{k_3(x)}, \quad b(y) = \frac{1}{k_4(y)}, \quad c_1(u) = \frac{1}{h_1(u)}, \quad c_2(v) = \frac{1}{h_2(v)}. \qquad (1,22)$$

Hat man an Stelle des Systems (1,15) zwei Differentialgleichungen der Form (1,21) gegeben, so läßt sich diesen vermöge (1,22) wieder ein System (1,15) zuordnen, und dieses kann durch (1,16) auf (1,18) zurückgeführt werden. Diejenigen Lösungen von (1,18), die sich auch zu Lösungen von (1,19) bzw. (1,20) zusammenfassen lassen, sind nomographierbar. Da die Lösungen von (1,19) bzw. (1,20) bekannt sind (vgl. [6]), lassen sich also nomographierbare Lösungen von (1,21) mit Hilfe der Zuordnungen (1,22) und (1,16) gewinnen. Hat man nur eine quasilineare partielle Differentialgleichung 2. Ordnung etwa für $\varphi = u(x,y)$ gegeben, die sich auf die Normalform (1,21) mit $i = 1$ bringen läßt, so besitzt sie partikuläre Lösungen, die durch ein Fluchtliniennomogramm darstellbar sind. Man kann ihr nämlich durch Vorgabe einer Funktion $c_2(v)$ eine zweite Differentialgleichung vom Typus (1,21) für eine zu $u(x,y)$ konjugierte Funktion $v(x,y)$ zuordnen und mit dieser das System (1,21) aufstellen und wie oben angegeben weiter verfahren.

II. Darstellung von besonderen Lösungen der eindimensionalen Wellengleichung durch ein Fluchtliniennomogramm

1. Allgemeines

Das System (1,18) enthält für den Sonderfall $\varepsilon^2 = -1$, $\lambda = \mu = +1$ die CAUCHY-RIEMANNschen Differentialgleichungen. Die ihnen genügenden Funktionensysteme sind Realteil $u(x,y)$ und Imaginärteil $v(x,y)$ einer analytischen Funktion einer komplexen Veränderlichen und bekanntlich (konjugierte) Lösungen der LAPLACEschen Gleichung $\Delta u = 0$ bzw. $\Delta v = 0$. Die nomographierbaren Systeme dieser Art waren Gegenstand von [5].

Hier soll der Sonderfall $\varepsilon^2 = +1$, $\lambda = \mu = +1$ eingehender behandelt werden. Aus dem System

$$u_x = v_y \quad , \quad u_y = v_x \tag{2,1}$$

folgen die Differentialgleichungen

$$u_{xx} - u_{yy} = 0 \quad , \quad v_{xx} - v_{yy} = 0 \tag{2,2}$$

(eindimensionale Wellengleichung). Man gewinnt alle nomographierbaren Systeme von konjugierten Lösungen von (2,2), indem man die Differentialgleichung (1,19) bzw. (1,20) mit den "dualkomplexen" Größen $z = x + \varepsilon y$ und $w = u + \varepsilon v$, $\varepsilon^2 = +1$, für alle möglichen Werte der reellen konstanten Koeffizienten a_1, a_2, a_3, a_4 integriert. Indem man anschließend die Lösungen in Realteil und Dualteil zerlegt, findet man die explizite Darstellung der nomographierbaren Systeme konjugierter Lösungen von (2,2), deren Grundtypen unter 2 und 3 eingehender behandelt werden. Man gelangt so zu zwei Tabellen, die den in [6] angegebenen Tabellen 1 und 2 formal völlig entsprechen. Die Skalengleichungen der zugehörigen Nomogramme gewinnt man nach I, 2. Dabei vereinfacht sich (1,6) durch Einsetzen der Umkehrung von (1,18) mit $\varepsilon^2 = +1$, $\lambda = \mu = +1$ wie folgt:

$$\begin{aligned} \Phi(u,v) &= \frac{(x_u^2 + 3x_v^2)\, x_{uv} x_u - (3x_u^2 + x_v^2) x_{uu} x_v}{x_u x_v (x_u^2 - x_v^2)} \\ \Psi(u,v) &= \frac{(x_u^2 + 3x_v^2)\, x_{uu} x_u - (3x_u^2 + x_v^2)\, x_{uv} x_v}{x_u x_v (x_u^2 - x_v^2)} \end{aligned} \tag{2,3}$$

2. Aus elementaren Funktionen aufgebaute Lösungen

a)

$$u(x,y) = x^2 + y^2 + a_1 x + a_2 y + b_1$$
$$v(x,y) = 2xy + a_2 x + a_1 y + b_2 \qquad (2,5)$$

Da (1,9) erfüllt ist, sind die Träger der Skalen für u und für v Geraden. Werden sie parallel angenommen, so erhält man mit Hilfe von (1,10) für ihre Darstellung im Falle $b_1 = b_2 = 0$:

$$f_1(u) = 0 \;, \quad g_1(u) = c_1\, u + d_1 \qquad (2,6a)$$

$$f_2(v) = c \;, \quad g_2(v) = - c_2[a_1 a_2\, v + v^2] + d_2 \;. \qquad (2,6b)$$

Aus (1,13), (1,14) folgen die Darstellungen der Skalen für x und für y:

$$f_3(x) = \frac{cc_1}{c_1 + c_2(2x+a_1)^2} \;, \quad g_3(x) = \frac{c_1 c_2 x(x+a_1)[(2x+a_1)^2 - a_2^2]}{c_1 + c_2(2x+a_1)^2} + \frac{f_3(x)}{c}(d_2 - d_1) + d_1 \qquad (2,7)$$

$$f_4(y) = \frac{cc_1}{c_1 + c_2(2y+a_2)^2} \;, \quad g_4(y) = \frac{c_1 c_2 y(y+a_2)[(2y+a_2)^2 - a_1^2]}{c_1 + c_2(2y+a_2)^2} + \frac{f_4(y)}{c}(d_2 - d_1) + d_1 \qquad (2,8)$$

Die Skalen für x und für y liegen auf einem Kegelschnitt. Für $c_1 = c_2 = 1$, $c = 1$ lautet seine Gleichung

$$\xi^2 - \frac{(1+a_1^2)+(1+a_2^2)}{(1+a_1^2)\,(1+a_2^2)}\,\xi - \frac{4}{(1+a_1^2)(1+a_2^2)}\,\xi\eta + \frac{1}{(1+a_1^2)(1+a_2^2)} = 0 \;. \qquad (2,9)$$

Abbildung 1[1] zeigt ein solches Nomogramm für den Sonderfall $a_1 = a_2 = 0$, $b_1 = b_2 = 0$.

Durch die projektive Transformation

$$\xi_1 = \frac{\xi - c}{c\eta} \;, \quad \eta_1 = \frac{-\xi}{c\eta} \qquad (2,10)$$

1. Die Abbildungen befinden sich i.a. im Anhang

wird ein Nomogramm mit den Skalengleichungen (2,6) - (2,8) für das System (2,5) in ein solches verwandelt, bei dem die Träger der Skalen für u und für v aufeinander senkrechte Geraden sind. Die Darstellungen der Skalen gehen dabei für $d_1 = d_2 = 0$ über in

$$F_1(u) = \frac{-1}{c_1 u} \quad , \quad G_1(u) = 0 \tag{2,11a}$$

$$F_2(v) = 0 \quad , \quad G_2(v) = \frac{1}{c_2[a_1 a_2 v + v^2]} \tag{2,11b}$$

$$F_3(x) = \frac{(2x+a_1)^2}{c_1 x(x+a_1)[a_2^2-(2x+a_1)^2]} , G_3(x) = \frac{1}{c_2 x(x+a_1)[a_2^2-(2x+a_1)^2]} \tag{2,12}$$

$$F_4(y) = \frac{(2y+a_2)^2}{c_1 y(y+a_2)[a_1^2-(2y+a_2)^2]} , G_4(y) = \frac{+1}{c_2 y(y+a_2)[a_1^2-(2y+a_2)^2]} \tag{2,13}$$

Die Gleichung (2,9) des gemeinsamen Trägers der Skalen für x und für y geht über in:

$$\xi_1^2 + (a_1^2 + a_2^2)\xi_1\eta_1 + a_1^2 a_2^2 \eta_1^2 + 4\eta_1 = 0 . \tag{2,14}$$

Abbildung 2 zeigt ein Nomogramm mit aufeinander senkrechten Skalen für u und für v für den Sonderfall $c_1=-1$, $c_2=-\frac{1}{2}$, $d_1=0$, $d_2=-1$ und $a_1=a_2=0$, $b_1=b_2=0$.

Hinsichtlich der zweckmäßigen Formgebung der Nomogramme und ihrer Beeinflussung durch die Werte der Formgebungskonstanten c_1, c_2, d_1, d_2 vergleiche [5] und [7]. Beliebige weitere Nomogramme für (2,5) gewinnt man aus einem vorhandenen, indem man dieses beliebigen projektiven Transformationen unterwirft.

b)

$$\begin{aligned} F(u,v,x,y) &\equiv x^2 + y^2 + a(u^2+v^2) - 1 = 0 \\ G(u,v,x,y) &\equiv xy + auv = 0, \text{ a konstant.} \end{aligned} \tag{2,15}$$

Da (1,11a) und (1,11) erfüllt sind, liegen die Skalen für x und für y auf einem, diejenigen für u und für v auf einem zweiten Kegelschnitt.

Wählt man den gemeinsamen Träger der Skalen für u und für v als Kreis mit der Gleichung

$$\xi^2 + \eta^2 - 2r\,\eta = 0,$$

so findet man mit willkürlichen aber festen Werten r und γ_o die Skalengleichungen

$$f_1(u) = \frac{2\gamma_o r^2 u^2}{r^2 u^4 + \gamma_o^2}, \quad g_1(u) = \frac{2\gamma_o^2 r}{r^2 u^4 + \gamma_o^2} \qquad (2,16a)$$

$$f_2(v) = \frac{2\gamma_o r^2 v^2}{r^2 v^4 + \gamma_o^2}, \quad g_2(v) = \frac{2\gamma_o^2 r}{r^2 v^4 + \gamma_o^2} \qquad (2,16b)$$

$$f_3(x) = \frac{-2a\gamma_o r^2 x^2}{r^2 x^4 - r^2 x^2 + (a\gamma_o)^2}, \quad g_3(x) = \frac{2(a\gamma_o)^2 r}{r^2 x^4 - r^2 x^2 + (a\gamma_o)^2} \qquad (2,17a)$$

$$f_4(y) = \frac{-2a\gamma_o r^2 y^2}{r^2 y^4 - r^2 y^2 + (a\gamma_o)^2}, \quad g_4(y) = \frac{2(a\gamma_o)^2 r}{r^2 y^4 - r^2 y^2 + (a\gamma_o)^2} \qquad (2,17b)$$

Abbildung 3 zeigt ein solches Nomogramm für verschiedene Werte von a. Wie die Gleichungen (2,16) und (2,17) zeigen, fallen die Skalen für u und für v einerseits, die für x und für y andererseits sogar samt ihren Graduierungsmarken zusammen. Eine Ablesegerade, die zu gleichen Werten von x und y bzw. u und v gehört, ist Tangente an die Trägerkurve der Skala für x und für y bzw. derjenigen für u und für v.

Die zu verschiedenen Werten des reellen Parameters a gehörigen Skalen für x und für y liegen auf den Kegelschnitten eines Kegelschnittbüschels mit der Gleichung

$$a(\,\xi^2 + \eta^2 - 2r\,\eta\,) + \frac{r}{\gamma_o}\xi\eta = 0 \qquad (2,18)$$

Das Kegelschnittbüschel hat einen einfach zählenden Grundpunkt und den Punkt $\xi = \eta = 0$ zum dreifach zählenden Grundpunkt. Die zu reellen Werten von x,y, u und v gehörenden Skalen bedecken nur einen Teilbogen des jeweiligen Trägerkegelschnittes, dessen Begrenzungspunkte die beiden Grundpunkte sind. Sowohl für $a < 0$ als auch für $a > 0$ gibt es reelle Wertepaare x,y, denen durch (2,15) keine reellen Wertepaare u,v zugeordnet sind. Die zu einem solchen Wertepaar x,y gehörige Ablesegerade trifft daher die Skala für u und für v in den Punkten des Teilbogens ihres Trägerkegelschnitts, der von reellen Bezifferungswerten frei bleibt. Ordnet man diesen Punkten die imaginären Werte u,v zu, die sich auf Grund ihrer Koordinaten aus (2,16a), (2,16b) ergeben, so kann man auch die zu den genannten Wertepaaren x,y gehörenden imaginären Wertepaare u,v am Nomogramm ablesen. In dieser Weise lassen sich alle Nomogramme von Funktionensystemen, bei denen die reellen Bezifferungswerte der Skalen nur einen Teilbogen der Trägerkurve bedecken, so erweitern, daß auch für eine einparametrige Mannigfaltigkeit von komplexen Werten der Variablen Ablesungen gemacht werden können (s. hierzu Ablesebeispiel 3 in Abb. 3 und Fußnote[2]).

Da (2,15) sowohl in bezug auf die Wertepaare x,y als auch u,v symmetrisch ist, können diese bei allen Ablesungen auch vertauscht werden.

c)

$$u = \sin x \cos y \quad , \quad v = \cos x \sin y \tag{2,19}$$

Da (1,9) erfüllt ist, sind die Skalenträger für u und für v Geraden. Man erhält die nachstehend angegebenen Skalengleichungen:

α) Die Skalenträger für u und für v seien parallele Geraden:

$$f_1(u) = 0 \quad , \quad g_1(u) = c_1 u^2 + d_1 \tag{2,20a}$$

$$f_2(v) = c \quad , \quad g_2(v) = c_2 v^2 + d_2 \tag{2,20b}$$

$$\begin{aligned} f_3(x) &= c\,\frac{c_1 \sin^2 x}{c_1 \sin^2 x + c_2 \cos^2 x}\,, \\ g_3(x) &= \frac{c_1 c_2 \sin^2 x \cos^2 x + c_1 d_2 \sin^2 x + c_2 d_1 \cos^2 x}{c_1 \sin^2 x + c_2 \cos^2 x} \end{aligned} \tag{2,21}$$

$$\begin{aligned} f_4(y) &= c\,\frac{c_1 \cos^2 y}{c_1 \cos^2 y - c_2 \sin^2 y}\,, \\ g_4(y) &= \frac{-c_1 c_2 \cos^2 y \sin^2 y + c_1 d_2 \cos^2 y - c_2 d_1 \sin^2 y}{c_1 \cos^2 y - c_2 \sin^2 y} \end{aligned} \tag{2,22}$$

β) Die Skalenträger für u und für v seien aufeinander senkrechte Geraden:

$$F_1(u) = \frac{-1}{g_1(u)} = \frac{-1}{c_1u^2+d_1} \quad , \quad G_1(u) = 0 \qquad (2,23a)$$

$$F_2(v) = 0 \quad , \quad G_2(v) = \frac{-1}{g_2(v)} = \frac{-1}{c_2v^2+d_2} \qquad (2,23b)$$

$$F_3(x) = \frac{-c_2\cos^2x}{c_1c_2\sin^2x\cos^2x + c_2d_1\cos^2x+c_1d_2\sin^2x}$$

$$G_3(x) = \frac{-c_1\sin^2x}{c_1c_2\sin^2x\cos^2x + c_2d_1\cos^2x+c_1d_2\sin^2x} \qquad (2,24)$$

$$F_4(y) = \frac{-c_2\sin^2y}{c_1c_2\sin^2y\cos^2y - c_1d_2\cos^2y+c_2d_1\sin^2y}$$

$$G_4(y) = \frac{+c_1\cos^2y}{c_1c_2\sin^2y\cos^2y - c_1d_2\cos^2y+c_2d_1\sin^2y} . \qquad (2,25)$$

Im Falle α ist der gemeinsame Träger der Skalen für x und für y ein Kegelschnitt mit der Gleichung

$$\eta = \frac{c_1c_2(\frac{\xi}{c})^2 - c_1c_2\frac{\xi}{c}}{c_1(\frac{\xi}{c} - 1) - c_2\frac{\xi}{c}} + (d_2-d_1)\frac{\xi}{c} + d_1 \quad , \qquad (2,26)$$

im Falle β ein Kegelschnitt mit der Gleichung

$$c_1d_1\xi_1^2+c_2d_2\eta_1^2+(c_1c_2+c_2d_1+c_1d_2)\xi_1\eta_1+c_2\eta_1+c_1\xi_1 = 0 \quad . \qquad (2,27)$$

Dabei stellt (2,26) im allgemeinen eine Hyperbel dar. Nur für $c_1 = c_2$ erhält man eine Parabel.

Abbildung 4 zeigt ein Beispiel für ein solches Nomogramm.
Gl. (2,27) liefert insbesondere einen Kreis bzw. eine gleichseitige Hyperbel, wenn $c_1c_2 + c_2d_1 + c_1d_2 = 0$ und gleichzeitig $c_1d_1 = + c_2d_2$ bzw. $c_1d_1 = - c_2d_2$.

Abbildung 5 zeigt ein Nomogramm mit einem Kreis, Abbildung 6 ein solches mit einer Hyperbel als Träger der Skalen für x und für y. Bei allen Nomogrammen für (2,19) liegen die Skalen für x und für y mit verschiedener Graduierung auf demselben Teilbogen des skalentragenden Kegelschnitts, der sich vom Schnitt mit dem Punkt u = 0 der u-Skala bis zum Schnitt mit dem Punkt v = 0 der v-Skala erstreckt.[2)]

d)

$$u = \frac{1}{2} \ln(x^2-y^2) \quad , \quad v = \text{arc tgh}\left(\frac{y}{x}\right). \tag{2,28}$$

Da (1,9) und (1,9a) erfüllt sind, liegt jede der vier Skalen auf je einer Geraden.

Nimmt man die Trägergeraden der Skalen für x und für y parallel an, so erhält man folgende Skalengleichungen:

$$f_3(x) = 0, \qquad g_3(x) = c_1 x^2 + d_1 \tag{2,29a}$$

$$f_4(y) = 1, \qquad g_4(y) = -c_2 y^2 + d_2 \tag{2,29b}$$

$$f_1(u) = \frac{c_1}{c_1+c_2} \quad , \; g_1(u) = \frac{c_1 c_2 e^{2u} + c_1 d_2 + c_2 d_1}{c_1 + c_2} \tag{2,30}$$

$$f_2(v) = \frac{c_1}{c_1+c_2 \text{tgh}^2 v} \, , \; g_2(v) = (d_2-d_1)\, f_2 + d_1 \tag{2,31}$$

Abbildung 7 zeigt ein Beispiel für ein solches Nomogramm.

e) Zusammen mit dem Funktionensystem (2,19) ist auch

$$u = \cos x \cos y \quad , \quad v = \sin x \sin y$$

nomographierbar sowie die Funktionensysteme, die man hieraus bzw. aus (2,19) durch den Ersatz von sin mit sinh, cos mit cosh erhält. Außerdem ist die Darstellung des folgenden Funktionensystems möglich:

---

2. Nur zu solchen Wertepaaren u,v, welche die Ungleichung $(1 - v^2 + u^2)^2 - 4u^2 > 0$ erfüllen, gehören reelle Wertepaare x,y

$$u = \arc\sin \frac{\sinh x}{\sqrt{\cosh^2 x + \sinh^2 y}}$$

$$v = \frac{1}{2} \arc\sin 2 \frac{\sinh y \cosh x}{\cosh^2 x + \sinh^2 y} \qquad (2,32)$$

Es zeigt sich, daß alle vier Skalenträger Geraden werden. Nimmt man die Skalenträger für u und für v als parallele Geraden an, so erhält man folgende Skalengleichungen:

$$f_1(u) = 0\ ,\ g_1(u) = c_1 \cos 2u + d_1;\ f_2(v) = c,\ g_2(v) = c_2 \cos 2v + d_2 \qquad (2,33)$$

$$f_3(x) = c \frac{c_1\ \mathrm{tgh}^2 x}{c_1 \mathrm{tgh}^2 x + c_2},\ g_3(x) = \frac{c_1 c_2 (1-\mathrm{tgh}^2 x)}{c_1 \mathrm{tgh}^2 x + c_2} + \frac{f_3(x)}{c}(d_2 - d_1) + d_1 \qquad (2,34)$$

$$f_4(y) = c \frac{c_1}{c_1 + c_2 \mathrm{tgh}^2 y}\ ,\ g_4(y) = \frac{c_1 c_2 (1-\mathrm{tgh}^2 y)}{c_1 + c_2 \mathrm{tgh}^2 y} + \frac{f_4(y)}{c}(d_2 - d_1) + d_1 \qquad (2,35)$$

Nimmt man die Skalenträger für u und für v als aufeinander senkrechte Geraden an, so lauten die Skalengleichungen:

$$F_1(u) = \frac{-1}{c_1 \cos 2u + d_1},\ G_1(u) = 0;\ F_2(v) = 0,\ G_2(v) = \frac{-1}{c_2 \cos 2v + d_2} \qquad (2,36)$$

$$F_3(x) = \frac{-c_2}{c_1 c_2 (1-\mathrm{tgh}^2 x) + c_1 d_2 \mathrm{tgh}^2 x + c_2 d_1}$$

$$G_3(x) = \frac{-\ c_1 \mathrm{tgh}^2 x}{c_1 c_2 (1-\mathrm{tgh}^2 x) + c_1 d_2 \mathrm{tgh}^2 x + c_2 d_1} \qquad (2,37)$$

$$F_4(y) = \frac{-\ c_2 \mathrm{tgh}^2 y}{c_1 c_2 (1-\mathrm{tgh}^2 y) + c_2 d_1 \mathrm{tgh}^2 y + c_1 d_2}$$

$$G_4(y) = \frac{-\ c_1}{c_1 c_2 (1-\mathrm{tgh}^2 y) + c_2 d_1 \mathrm{tgh}^2 y + c_1 d_2} \qquad (2,38)$$

Die Abbildungen 8 und 9 zeigen Beispiele für solche Nomogramme.

Bemerkung: Für die Bilder 1 bis 9 gilt noch: Die Skalenpunkte sind, soweit ein Vorzeichen nicht beigegeben ist, nach positiven und nach negativen Werten beschriftet zu denken. Gelten nur positive oder nur negative Werte, so ist dies durch Mitanschreiben des Vorzeichens ausdrücklich gekennzeichnet. Die vorzeichenrichtige Zuordnungsvorschrift zwischen den Wertepaaren x,y und u,v ergibt sich in jedem einzelnen Falle leicht aus dem Aufbau der Funktionensysteme.

3. Aus elliptischen Funktionen aufgebaute Lösungen

a)

$$F(x,y,u,v) \equiv$$

$$\sin u \cos v[\mathrm{dn}^2(x,k^2)\mathrm{sn}^2(y,k^2)+\mathrm{cn}^2(y,k^2)] - \mathrm{sn}(x,k^2)\mathrm{cn}(y,k^2)\mathrm{dn}(y,k^2)=0$$

$$G(x,y,u,v) \equiv \tag{2,39}$$

$$\cos u \sin v[\mathrm{dn}^2(x,k^2)\mathrm{sn}^2(y,k^2)+\mathrm{cn}^2(y,k^2)] - \mathrm{cn}(x,k^2)\mathrm{dn}(x,k^2)\mathrm{sn}(y,k^2)=0$$

k^2 beliebig reell

oder nach u und v aufgelöst:

$$u = \arcsin \frac{\mathrm{sn}(x,k^2)\mathrm{dn}(y,k^2)}{\sqrt{\mathrm{dn}^2(x,k^2)\mathrm{sn}^2(y,k^2) + \mathrm{cn}^2(y,k^2)}}$$

$$v = \frac{1}{2} \arcsin 2 \frac{\mathrm{dn}(x,k^2)\mathrm{sn}(y,k^2)\mathrm{cn}(y,k^2)}{\mathrm{dn}^2(x,k^2)\mathrm{sn}^2(y,k^2) + \mathrm{cn}^2(y,k^2)} \tag{2,40}$$

Mit Hilfe von (1,9) und (1,11a) ergibt sich, daß die Skalen für u und für v je auf einer Geraden, die für x und für y auf ein und demselben (solange $k^2 \neq 0$ und $k^2 \neq 1$ nicht zerfallenden) Kegelschnitt liegen.

Gemäß I,2 ergeben sich dann die folgenden Skalengleichungen:

Fall α) Die Skalenträger für u und für v sind parallele Geraden:

$$f_1(u) = 0,\ g_1(u) = c_1\cos 2u+d_1;\ f_2(v) = c,\ g_2(v) = c_2\cos 2v+d_2 \tag{2,41}$$

$$f_3(x) = c\,\frac{c_1k^2\mathrm{sn}^2(x,k^2)\mathrm{cn}^2(x,k^2)}{c_1k^2\mathrm{sn}^2(x,k^2)\mathrm{cn}^2(x,k^2) + c_2\mathrm{dn}^2(x,k^2)}$$

$$g_3(x) = \frac{f_3(x)}{c}(d_2-d_1)+d_1+\frac{c_1c_2(\mathrm{cn}^2(x,k^2)-\mathrm{sn}^2(x,k^2)\mathrm{dn}^2(x,k^2))}{c_1k^2\mathrm{sn}^2(x,k^2)\mathrm{cn}^2(x,k^2)+c_2\mathrm{dn}^2(x,k^2)}, \tag{2,42}$$

$$f_4(y) = c\,\frac{c_1 dn^2(y,k^2)}{c_1 dn^2(y,k^2) + c_2 k^2 sn^2(y,k^2) cn^2(y,k^2)}$$

$$g_4(y) = \frac{f_4(y)}{c}(d_2-d_1)+d_1+\frac{c_1c_2(cn^2(y,k^2)-sn^2(y,k^2)dn^2(y,k^2))}{c_1 dn^2(y,k^2)+c_2k^2sn^2(y,k^2)cn^2(y,k^2)}. \qquad (2,43)$$

Fall **β**) Die Skalenträger für u und für v sind aufeinander senkrechte Geraden:

$$F_1(u) = -\frac{1}{c_1\cos 2u+d_1},\ G_1(u) = 0;\ F_2(v)=0,\ G_2(v)= -\frac{1}{c_2\cos 2v+d_2} \qquad (2,44)$$

$$F_3(x) = \frac{-c_2 dn^2(x,k^2)}{c_1c_2(cn^2(x,k^2)-sn^2(x,k^2)dn^2(x,k^2))+c_1d_2k^2sn^2(x,k^2)cn^2(x,k^2)+c_2d_1dn^2(x,k^2)}$$

$$G_3(x) = \frac{-c_1k^2sn^2(x,k^2)cn^2(x,k^2)}{c_1c_2(cn^2(x,k^2)-sn^2(x,k^2)dn^2(x,k^2))+c_1d_2k^2sn^2(x,k^2)cn^2(x,k^2)+c_2d_1dn^2(x,k^2)} \qquad (2,45)$$

$$F_4(y) = \frac{-c_2k^2sn^2(y,k^2)cn^2(y,k^2)}{c_1c_2(cn^2(y,k^2)-sn^2(y,k^2)dn^2(y,k^2))+c_1d_2dn^2(y,k^2)+c_2d_1k^2sn^2(y,k^2)cn^2(y,k^2)}$$

$$G_4(y) = \frac{-c_1dn^2(y,k^2)}{c_1c_2(cn^2(y,k^2)-sn^2(y,k^2)dn^2(y,k^2))+c_1d_2dn^2(y,k^2)+c_2d_1k^2sn^2(y,k^2)cn^2(y,k^2)} \qquad (2,46)$$

Abbildung 10 zeigt ein Beispiel für ein Nomogramm mit parallelen Skalen für u und für v, Abbildung 11 ein solches mit senkrechten Skalen. Die zu verschiedenen Werten von k^2 gehörigen Skalen für x und für y liegen auf den Kegelschnitten eines Kegelschnittbüschels mit vier reellen Grundpunkten. Durch die Grundpunkte werden auf jedem Kegelschnitt des Büschels vier Teilbereiche ausgeschnitten, von denen nur zwei Skalenpunkte tragen, nämlich der Bogen $\widehat{P_1P_2}$ die x-Skala, $\widehat{P_3P_4}$ die y-Skala.

Auf jeder Skala beginnt die Beschriftung in einem Grundpunkt mit $x = 0$ bzw. $y = 0$ und endet bei $x = K(k^2)$ bzw. $y = K(k^2)$ im zweiten Grundpunkt. Dann läuft die Beschriftung auf derselben Skala zurück und erreicht im Ausgangspunkt den Wert $2K(k^2)$. Es trägt also jeder Skalenpunkt eine abzählbar unendliche Folge von Beschriftungsziffern, von denen in den Abbildungen 10 und 11 aber jeweils nur eine einzige angeschrieben ist. Ein und dieselbe durch Vorgabe von x und y bestimmte Ablesegerade gehört also zu abzählbar unendlich vielen Wertepaaren x, y.

Wenn man in (2,40) die Argumente x,y,u,v auf die Intervalle

$$-K(k^2) < x < +K(k^2)\ ,\ -\frac{K(k^2)}{2} < y < +\frac{K(k^2)}{2}\ ,\ -\frac{\pi}{2} < u,v < +\frac{\pi}{2}$$

beschränkt, so ergibt sich die vorzeichenrichtige Zuordnungsvorschrift zwischen den Wertepaaren x,y und u,v aus den Vorzeichen der Zahlenfaktoren in (2,40). Diese entnimmt man aus den Abbildungen 10 und 11 beigegebenen Tabellen.

Ist $\frac{K(k^2)}{2} < y < K(k^2)$, so ist an Stelle von v der Wert $\frac{\pi}{2} - v$ abzulesen. (Ist $K(k^2) < x < 2K(k^2)$, so gilt an Stelle von u der Wert $\pi - u$.)
Ferner gilt: Für $0 \leq k^2 \leq 1$ liegen alle Skalenpunkte $x = \frac{K(k^2)}{2}$, $y = \frac{K(k^2)}{2}$ auf derselben Seite des gemeinsamen Polardreiecks $\Pi_1\ \Pi_2\ \Pi_3$ d. Kegelschnittbüschels. Man beweist dies wie in [7], 2.

Außer dem Funktionensystem (2,39), (2,40) sind auch die folgenden Systeme konjugierter Lösungen der eindimensionalen Wellengleichung durch Fluchtliniennomogramme von dem in den Abbildungen 10 und 11 gezeigten Typ (Kegelschnittbüschel mit vier reellen Grundpunkten) darstellbar:

$$u = \frac{1}{2}\ln\frac{sn^2(x,k^2)cn^2(y,k^2)dn^2(y,k^2) - cn^2(x,k^2)dn^2(x,k^2)sn^2(y,k^2)}{[1-k^2sn^2(x,k^2)\ sn^2(y,k^2)]^2}$$

$$v = \text{arc tgh}\,\frac{cn(x,k^2)\ dn(x,k^2)\ sn(y,k^2)}{sn(x,k^2)\ cn(y,k^2)\ dn(y,k^2)},\qquad k^2 > 0 \qquad (2,47)$$

$$u = \frac{1}{2}\ln\frac{cn^2(x,k^2)cn^2(y,k^2) - sn^2(x,k^2)sn^2(y,k^2)dn^2(x,k^2)dn^2(y,k^2)}{[1-k^2\ sn^2(x,k^2)\ sn^2(y,k^2)]^2}$$

$$v = -\ \text{arc tgh}\,\frac{sn(x,k^2)sn(y,k^2)dn(x,k^2)dn(y,k^2)}{cn(x,k^2)\ cn(y,k^2)},\qquad k^2 < 0,\ k^2 > 1 \qquad (2,48)$$

$$u = \frac{1}{2} \ln \frac{dn^2(x,k^2)dn^2(y,k^2) - k^2sn^2(x,k^2)sn^2(y,k^2)cn^2(x,k^2)cn^2(y,k^2)}{[1-k^2sn^2(x,k^2)sn^2(y,k^2)]^2},$$

$$v = - \text{arc tgh} \frac{k^2sn(x,k^2)\ sn(y,k^2)\ cn(x,k^2)\ cn(y,k^2)}{dn(x,k^2)\ dn(y,k^2)}, \qquad (2,49)$$

$$-\infty < k^2 < 1$$

$$u = \frac{1}{2} \ln \frac{(\wp_1'^2+\wp_2'^2-4(\wp_1+\wp_2+e_2)(\wp_1-\wp_2)^2)^2-4\wp_1'^2\wp_2'^2}{16(\wp_1-\wp_2)^4}$$

$$v = \text{arc tgh} \frac{-2\wp_1'\ \wp_2'}{\wp_1'^2+\wp_2'^2-4(\wp_1+\wp_2+e_2)(\wp_1-\wp_2)^2} \qquad (2,50)$$

Dabei bedeutet

$$\wp_1 = \wp_1(x;e_1,e_2,e_3) \quad , \quad \wp_2 = \wp_2(y;e_1,e_2,e_3) \quad .$$

Die Darstellung mit Hilfe eines Nomogrammes vom Typus Abbildung 10, 11 ist bei (2,50) möglich für den Fall

$(e_2-e_1)(e_2-e_3) > 0$ mit e_1, e_2, e_3 reell oder e_2 reell und e_1, e_3 konjugiert komplex.
Vergleiche hierzu [5] und [8].

Die Gleichungen der Skalen für die Nomogramme der Systeme (2,47) bis (2,50) ermittelt man entweder unmittelbar nach I,2 oder man kann sie auch aus den Gleichungen (2,41) bis (2,46) durch eine Modultransformation und die mit ihr verknüpfte Argumenttransformation der auftretenden JACOBIschen Funktionen gewinnen. Vergleiche hierzu [7,I].

b) Das System (2,50) für den Fall e_1, e_2, e_3 reell und $e_1 > e_2 > e_3$.
   Hier ist $(e_2-e_1)(e_2-e_3) < 0$.

Nach I,2 erhält man die folgenden Skalengleichungen:

α) Die <u>Skalenträger für u und für v</u> seien <u>parallele</u> Geraden:

$$f_1(v) = 0,\ g_1(v) = c_1\cosh v+d_1;\ f_2(u) = c,\ g_2(u) = -c_2\sinh u+d_2 \qquad (2,51)$$

$$f_3(x) = \frac{cc_1\gamma_1'^2}{c_1\gamma_1'^2 - c_2\left\{(\gamma_1-e_2)^2 - \Delta/16\right\}^2},$$

(2,52)

$$g_3(x) = \frac{-c_1c_2\left\{(\gamma_1-e_1)^2(\gamma_1-e_3)^2-(e_1-e_3)^2(\gamma_1-e_2)^2\right\}}{c_1\gamma_1'^2 - c_2\left\{(\gamma_1-e_2)^2- \Delta/16\right\}^2} + \frac{f_3(x)}{c}(d_2-d_1)+d_1$$

$$f_4(y) = \frac{+\, cc_1\gamma_2'^2}{c_1\gamma_2'^2 - c_2\left\{(\gamma_2-e_2)^2 - \Delta/16\right\}^2},$$

(2,53)

$$g_4(y) = \frac{c_1c_2\left\{(\gamma_2-e_1)^2(\gamma_2-e_3)^2-(e_1-e_3)^2\,(\gamma_2-e_2)^2\right\}}{c_1\gamma_2'^2 - c_2\left\{(\gamma_2-e_2)^2 - \Delta/16\right\}^2} + \frac{f_4(y)}{c}(d_2-d_1)+d_1$$

mit $\Delta = 16(e_2-e_1)(e_2-e_3)$.

β) Die Skalenträger für u und für v seien aufeinander senkrechte Geraden:

$$F_1(v) = \frac{-1}{c_1\cosh v+d_1},\; G_1(v) = 0;\; F_2(u) = 0,\; G_2(u) = \frac{1}{c_2\sinh u-d_2} \qquad (2,54)$$

$$F_3(x) = \frac{c_2\left\{(\gamma_1-e_2)^2 - \Delta/16\right\}^2}{-c_1c_2\left\{(\gamma_1-e_1)^2(\gamma_1-e_3)^2-(e_1-e_3)^2(\gamma_1-e_2)^2\right\}+d_2c_1\gamma_1'^2-d_1c_2\left\{(\gamma_1-e_2)^2-\Delta/16\right\}^2}$$

(2,55)

$$G_3(x) = \frac{-\, c_1\gamma_1'^2}{-c_1c_2\left\{(\gamma_1-e_1)^2(\gamma_1-e_3)^2-(e_1-e_3)^2(\gamma_1-e_2)^2\right\}+d_2c_1\gamma_1'^2-d_1c_2\left\{(\gamma_1-e_2)^2- \Delta/16\right\}^2}$$

$$F_4(y) = \frac{c_2\left\{(\gamma_2-e_2)^2 - \Delta/16\right\}^2}{c_1c_2\left\{(\gamma_2-e_1)^2(\gamma_2-e_3)^2-(e_1-e_3)^2(\gamma_2-e_2)^2\right\}+d_2c_1\gamma_2'^2-c_2d_1\left\{(\gamma_2-e_2)^2- \Delta/16\right\}^2}$$

(2,56)

$$G_4(y) = \frac{-\, c_1\gamma_2'^2}{c_1c_2\left\{(\gamma_2-e_1)^2(\gamma_2-e_3)^2-(e_1-e_3)^2(\gamma_2-e_2)^2\right\} +d_2c_1\gamma_2'^2-c_2d_1\left\{(\gamma_2-e_3)^2- \Delta/16\right\}^2}$$

Abbildung 12 zeigt ein Beispiel für den Fall bα) mit $(e_2-e_1)(e_2-e_3) = -1$.

Die zu verschiedenen Werten von e_2 gehörigen Skalen für x und für y liegen jeweils auf den Kegelschnitten eines Kegelschnittbüschels mit zwei reellen Grundpunkten. Die Grundpunkte zerlegen jeden Kegelschnitt in zwei Teilbereiche. Dabei liegen die x-Skala und die y-Skala mit verschiedener Graduierung auf demselben Teilbogen des Kegelschnittes, während der zweite durch die Grundpunkte bestimmte Teilbogen von Skalenpunkten gänzlich frei bleibt. Die zu verschiedenen Werten von e_2 gehörigen Punkte x = const sind durch ausgezogene Kurven, die zu y = const gehörigen durch gestrichelte Kurven verbunden.

Wie die Skalengleichungen (2,52), (2,53), (2,55), (2,56) zeigen, tragen die Skalen für x und für y wieder positive und negative Bezifferungswerte. Stets ist $u > 0$, während die v-Skala positive und negative Bezifferungswerte trägt. Beim Übergang zu einem anderen Zweig des Logarithmus vermehren sich u und v um $i\pi$ Das bedingt eine Vorzeichenänderung der Glieder mit c_1 bzw. c_2 in den Gleichungen der Skalen für u und für v. Daher treten alle Bezifferungswerte u und v am Nomogramm Abbildung 12 zweifach auf und zwar symmetrisch zur Mittelsenkrechten der Strecke zwischen den beiden Grundpunkten des Kegelschnittbüschels.

Liegen x bzw. y in den Intervallen $0 < x < \omega$ bzw. $0 < y < \omega$, wo ω die reelle Halbperiode der zugehörigen $\wp$-Funktion bezeichnet, so ist $v < 0$. Ein Überschreiten dieser Intervallgrenzen bei x bzw. bei y bedingt jeweils eine Vorzeichenänderung für v.

Bezüglich einer Darstellung für Werte $(e_2-e_1)(e_2-e_3) \neq -1$ vergleiche [8] und [5].

Ebenso sind die Funktionensysteme (2,47) - (2,49) für die unter a) nicht angegebenen Bereiche des reellen Moduls k^2 und das Funktionensystem (2,40) für eine einparametrige Mannigfaltigkeit von komplexen Werten k^2 auf den Kegelschnitten eines Kegelschnittbüschels mit zwei reellen Grundpunkten darstellbar. Über diese Bereiche vergleiche auch [7,I] und [5].

In allen Nomogrammen sind die Skalen für x und für u stark durchgezogen, diejenigen für y und für v, soweit sie nicht wie in Abbildung 3, 4, 5, 6 und 12 sich mit denen für x und für u überdecken, stark gestrichelt. Im allgemeinen sind nur die Skalen für u und für v durch Anschreiben der Buchstaben gekennzeichnet. Durchgezogene Skalen ohne Buchstaben sind stets x-Skalen, gestrichelte y-Skalen. In den Abbildungen 3, 10, 11, 12 sind die Punkte x = const bzw. y = const durch Kurven miteinander verbunden. Wegen der mehrdeutigen Bezifferung jedes Skalenpunktes gehen durch jeden Punkt des Bereiches der ξ-η-Ebene, der von Skalen überdeckt wird, mehrere solcher Kurven; jedoch ist jeweils nur eine eingezeichnet. Diese Kurven ermöglichen eine Interpolation zwischen den Werten des Parameters der Funktionen (a in Abb. 3, k^2 in Abb. 10, 11, 12), die zur Unterscheidung von den Bezifferungswerten der Skalen in größeren Ziffern an die Skalenträger geschrieben sind.

III. Ermittlung der Funktionswerte von Ableitungen und unbestimmten Integralen elliptischer Funktionen einer komplexen Veränderlichen mit Hilfe eines Fluchtliniennomogramms

1. Die Funktionswerte der Ableitungen

Wegen der Beziehung

$$\operatorname{sn}(z,k^2) = (1+\varkappa')\,\frac{\operatorname{sn}(\zeta,\varkappa^2)\,\operatorname{cn}(\zeta,\varkappa^2)}{\operatorname{dn}(\zeta,\varkappa^2)} \tag{3,1}$$

$$\text{mit}\quad \varkappa^2 = \frac{4k}{(1+k)^2}\,,\qquad \zeta = \frac{z}{1+k'} \tag{3,2}$$

ist zusammen mit der Funktion $w = \ln \operatorname{sn}(z,k^2)$, $z = x + iy$, auch die Funktion

$$w = \ln \frac{\operatorname{sn}(\zeta,\varkappa^2)\,\operatorname{cn}(\zeta,\varkappa^2)}{\operatorname{dn}(\zeta,\varkappa^2)}$$

nomographierbar, und man kann die Werte dieser Funktion bei Beachtung der Modul- und Argumenttransformation (3,2) an einem Nomogramm für $w = \ln \operatorname{sn}(z,k^2)$ ablesen.

Es läßt sich sogar zeigen, daß die Logarithmen der logarithmischen Ableitung aller JACOBIschen elliptischen Funktionen sowie der WEIERSTRASSschen $\wp$-Funktion

$$w = \ln \frac{\operatorname{cn}(z,k^2)\operatorname{dn}(z,k^2)}{\operatorname{sn}(z,k^2)} \quad (3,3)\quad,\quad w = \ln \frac{-\operatorname{sn}(z,k^2)\operatorname{dn}(z,k^2)}{\operatorname{cn}(z,k^2)} \quad (3,4)$$

$$w = \ln \frac{-k^2 sn(z,k^2) cn(z,k^2)}{dn(z,k^2)} \quad (3,5) , \quad w = \ln \frac{\wp'(z; e_1, e_2, e_3)}{\wp(z; e_1, e_2, e_3) - e_2} \quad (3,6)$$

der Differentialgleichung (2,14) in [5] genügen und daher nomographierbar sind. Es ist aber nicht erforderlich, für die Funktionen (3,3) bis (3,6) besondere Nomogramme zu konstruieren. Da sie äquivalente Lösungen einer Differentialgleichung (2,14) in [5] sind, sind sie nämlich durch eine Parameter- und Argumenttransformation in jede der in [5] und [6] angegebenen Lösungsformen derselben Differentialgleichung (2,14) in [5] überführbar, insbesondere also auch in

$$w_{am} - C_1 = \tilde{\alpha} \; am(\tilde{\beta}(z_{am} - C_2), k_{am}^2) \; . \quad (3,7)$$

Daher können ihre Werte zum Beispiel an den in [5] entwickelten Nomogrammen für (3,7) abgelesen werden. - Nach dem in [5], II, 4 beschriebenen Verfahren ergeben sich jeweils durch die beiden verschiedenen Werte einer Vorzeichengröße ε gekennzeichnete Zuordnungsmöglichkeiten zwischen (3,7) und einer jeden der Funktionen (3,3) bis (3,6). Diese sind in Tabelle 1[3] zusammengestellt. (Über den Zusammenhang der beiden Zuordnungen vgl. [7, II], Nr. 9.)

Die Tabelle ist für den Modulbereich $0 < k^2 < 1$ bzw. für reelle e_i mit $e_1 > e_2 > e_3$ sowie für reelles e_2 und konjugiert komplexe e_1, e_3 aufgestellt. Sind die Funktionen (3,3), (3,4), (3,5) für einen außerhalb dieses Bereiches liegenden Modulwert zu berechnen, so werden die JACOBI-Funktionen durch die entsprechende Modultransformation auf solche mit einem zwischen 0 und 1 gelegenen Modul zurückgeführt. Dabei geht eine jede der Funktionen (3,3) bis (3,5) wieder in eine Funktion dieses Funktionentripels über. Damit können die Logarithmen der logarithmischen Ableitungen der JACOBIschen elliptischen Funktionen für beliebige reelle Modulwerte bestimmt werden, wobei die Argumentwerte der zur Modultransformation gehörigen Argumenttransformation zu unterwerfen sind.

Da der einem reellen Modul k^2 der darzustellenden Funktion (3,3), (3,4), (3,5) zugeordnete Modul k_{am}^2 der äquivalenten Funktion (3,7) stets reell ist, liegen die zu verschiedenen reellen Werten von k^2 gehörigen Skalen für x und für y auf den Kegelschnitten eines Kegelschnittbüschels mit vier reellen Grundpunkten.

---

3. Die Tabellen befinden sich i.a. im Anhang

Für die Funktion (3,6) liegen die zu verschiedenen Wertetripeln e_1, e_2, e_3 gehörigen Skalen für x und für y auf den Kegelschnitten eines Kegelschnittbündels. Die Kegelschnitte dieses Bündels verteilen sich auf ∞^1 Kegelschnittbüschel mit einem der drei Werte e_1, e_2, e_3 als Büschelparameter derart, daß zu jedem Kegelschnittbüschel ein fester Wert von $(e_2-e_1)(e_2-e_3)$ gehört. Alle diese Büschel haben vier reelle Grundpunkte, wenn alle e_i reell sind und zwei reelle Grundpunkte, wenn ein Wert e_i reell und ein Paar konjugiert komplex sind. Im letzten Fall ist k^2_{am} selbst komplex und genügt einer Gleichung (2,37) in [5]. Dem komplexen Wert k^2_{am} wird zur Berechnung der Skalenpunkte ein reeller Wert k^{*2} gemäß Tabelle 1 zugeordnet (vgl. hierzu die Skalengleichungen (4,31), (4,32) und Abb. 28 in [5]).

Will man gesondert Nomogramme für die Funktionen (3,3) bis (3,6) herstellen, so kann man die Skalengleichungen bestimmen, indem man mit den in Tabelle 1 angegebenen Transformationen des Moduls und der Argumente der abhängigen und der unabhängigen Veränderlichen in die in [5], IV, 3 und 1 angegebenen Skalengleichungen für die Fluchtliniennomogramme von (3,7) eingeht.

Für manche Aufgaben der Praxis werden die Funktionswerte der Ableitungen elliptischer Funktionen benötigt. Diese können ebenfalls mit Hilfe von Nomogrammen ermittelt werden: Man bestimmt zunächst nach dem oben Gesagten den Funktionswert der zugehörigen Funktion (3,3), (3,4), (3,5) oder (3,6) und addiert hierzu den Wert des Logarithmus der Nennerfunktion, der aus einem der in [5] entwickelten Nomogramme ermittelt werden kann; anschließend benutzt man ein Nomogramm für $w = e^z$. In IV, 4 wird eine Aufgabe behandelt, bei der die Werte von $\gamma'(z)$ benötigt und in der hier angegebenen Weise ermittelt werden können. (Vgl. hierzu auch [16].)

2. Die Funktionswerte unbestimmter Integrale

Die Funktionen

$$w = \int sn(z,k_s^2)\, dz \quad (3,8), \qquad w = \int cn(z,k_c^2) dz \quad (3,9),$$

$$w = \int dn(z,k_d^2)\, dz \quad (3,10)$$

genügen ebenfalls der Differentialgleichung [5], (2,14).
Daher sind auch die Integrale der JACOBIschen elliptischen Funktionen durch Fluchtliniennomogramme darstellbar. Ihre Werte können ermittelt

werden, indem man die Funktionen durch eine geeignete Transformation des Moduls und der Argumente in eine mit (3,8), (3,9), (3,10) äquivalente Funktion, für die bereits ein Fluchtliniennomogramm in [5] vorliegt, überführt.

Hierfür sei wiederum (3,7) gewählt. Dann gelangt man zu den in Tabelle 2 angegebenen Transformationen. Es gibt wieder zwei nach $\varepsilon = +1$ bzw. $\varepsilon = -1$ unterschiedene Zuordnungsmöglichkeiten. Dabei zeigt sich, daß zu verschiedenen reellen Werten von k_s^2, k_c^2, k_d^2 reelle Werte k_{am}^2 gehören. Daher liegen in diesem Falle die Skalen für x und für y der Funktionen (3,8), (3,9), (3,10) auf den Kegelschnitten eines Kegelschnittbüschels mit vier reellen Grundpunkten. (Vgl. hierzu auch [16].)

Dagegen genügt $\zeta(z) = -\int \wp(z)\,dz$ nicht der Differentialgleichung (2,14) und ist daher nicht durch ein Fluchtliniennomogramm darstellbar. (In [5] wurde ein Gleitkurvennomogramm für diese Funktion angegeben.)

IV. Nomogramme als Hilfsmittel bei der Herstellung von konformen Abbildungen zur Lösung von Randwertproblemen der Potentialgleichung

1. Allgemeines

Viele Randwertprobleme aus der Theorie der Potential- und der Bipotentialgleichung können mit Hilfe der konformen Abbildung eines einfach bzw. zweifach zusammenhängenden Bereichs auf den Einheitskreis bzw. auf einen konzentrischen Kreisring behandelt werden. Es gibt Probleme, bei denen sich die Abbildungsfunktion geschlossen angeben läßt, insbesondere, wenn der zu Grunde liegende einfach zusammenhängende Bereich eine polygonale Berandung besitzt. In diesem Falle ist die Aufgabe der Abbildung zurückführbar auf die Berechnung einer genügend großen Anzahl von Funktionswerten einer bekannten analytischen Funktion einer komplexen Veränderlichen. Bei anderen Problemen ist zwar die Existenz der Abbildungsfunktion auf Grund allgemeiner Sätze (RIEMANNscher Abbildungssatz) gesichert, die Abbildungsfunktion kann aber nicht geschlossen angegeben werden. Dann gibt es Möglichkeiten zu einer iterativen Bestimmung der benötigten Funktionswerte der Abbildungsfunktion. (Für den Fall eines einfach zusammenhängenden Bereichs ist hierfür seit langem das Schmiegungsverfahren von KOEBE[4]) bekannt. Weitere hierfür geeignete

---

4. P. KOEBE, Journal f.d. reine und angew. Math. 145(1914), S. 220

Iterationsverfahren sind in neuerer Zeit angegeben worden von THEODORSEN und GARRICK[5] und schließlich von HEINHOLD[6]. Für den Fall mehrfach zusammenhängender Bereiche gibt es ein von KOMATU[7] angegebenes Iterationsverfahren, mit dessen Weiterentwicklung sich vor allem GAIER[8] befaßt hat.) Schließlich besteht auch die Möglichkeit, konforme Abbildungen mit Hilfe eines Analogrechners zu konstruieren. Eine Möglichkeit hierzu ist gegeben, wenn man die Abbildungsfunktion als Lösung einer gewöhnlichen Differentialgleichung n-ter Ordnung im Komplexen ansieht und aus dieser ein System von gewöhnlichen Differentialgleichungen gewinnt, das mit Hilfe des Analogrechners gelöst wird[9].

Im Rahmen des vorliegenden Berichtes soll die Herstellung von konformen Abbildungen unter Benutzung der im vorigen Bericht entwickelten Nomogramme analytischer Funktionen einer komplexen Veränderlichen in folgenden Fällen behandelt werden:

a) die Abbildungsfunktion ist explizit bekannt (Beispiele unter 2), oder die Abbildung läßt sich aus einer endlichen Anzahl von Abbildungen mit explizit bekannten Abbildungsfunktionen zusammensetzen (Beispiele unter 3). Sind diese Funktionen nomographierbar, so kann die Ermittlung der für die konforme Abbildung benötigten Funktionswerte erfolgen, indem aneinander anschließende Nomogramme benutzt und die abgelesenen Werte u.U. durch elementare Operationen verknüpft werden.

b) Es ist nur die Umkehrung der Abbildungsfunktion explizit bekannt, und diese stellt eine verwickelte Zusammensetzung höherer Transzendenten dar, so daß eine Auflösung zur unmittelbaren Berechnung der Funktionswerte nicht möglich ist. Sind - u.U. nach geeigneten Umformungen - die bei dieser Zusammensetzung auftretenden Einzelfunktionen nomographierbar, so ist die Umkehrung der Abbildungsfunktion wie unter a) zu bestimmen. Anschließend können die Werte der Abbildungsfunktion selbst auf graphisch-rechnerischem Wege ermittelt werden (Beispiel unter 4).

---

5. T. THEODORSEN und I.E. GARRICK: General potential theory of arbitrary wing sections, NACA Rep. Nr. 452 (1933)
6. J. HEINOLD und R. ALBRECHT: Zur Praxis der konformen Abbildung Rendiconti Circulo Math. Palermo 3, 130-148 (1954)
7. Y. KOMATU: Proc. Jap. Acad. 21, 146-155 (1949)
8. D. GAIER: Journ. of Math. and Mech., Vol. 6, No. 6 (1957) sowie Arch. for Rational Mech. and Analysis, Vol. 3,2.
9. J. HEINHOLD: ZAMM 39 (1959), S. 369/370

Die Beispiele zu a) und b) sind aus der Elastizitätstheorie und aus der Hydrodynamik ausgewählt.

Soweit es zweckmäßig erschien, sind dabei gewisse Idealisierungen vorgenommen worden, um das Wesentliche des Rechnungs- und Konstruktionsganges klarer hervortreten zu lassen. Bei einigen der ausgewählten Beispiele liegt außerdem eine ausführliche numerische Berechnung der Funktionswerte vor, die sowohl einen Vergleich der Genauigkeit als auch des Zeitaufwandes gegenüber den Werten erlaubt, welche mit den nomographischen Hilfsmitteln bestimmt worden sind. So ist es möglich, ein Urteil über die praktische Verwendbarkeit der nomographischen Verfahren für den vorliegenden Zweck abzugeben.

2. Polygonal begrenzte Platten

Vor einiger Zeit wurde von F. SCHULTZ-GRUNOW [15] ein Verfahren zur Berechnung von Einflußflächen von Platten mit polygonaler Berandung angegeben. Dabei wird zur Ermittlung der GREENschen Funktion des polygonalen Bereiches derjenige Bestandteil der Funktion, der eine im Innern des Bereiches biharmonische Funktion ist, mit Hilfe von harmonischen Funktionen dargestellt. Diese aber werden mittels konformer Abbildung des polygonalen Bereiches auf die Fläche des Einheitskreises bestimmt. Es sollen folgende Beispiele behandelt werden:

α) Die gleichschenklig-rechtwinklige Dreieckplatte mit freiem Rand und Aufpunkt auf diesem freien Rand (s. hierzu [14]).

Die Funktion, welche die Abbildung der Ebene der Platte (z-Ebene) auf die Ebene des Einheitskreises (ζ-Ebene) vermittelt, ist explizit bekannt. Sie lautet nach [14]:

$$\zeta = \frac{1 + 2\mathrm{cn}^4(\frac{z-\bar{b}}{\bar{c}},k^2) - \mathrm{cn}^2(\frac{z-\bar{b}}{\bar{c}},k^2)\sqrt{12[1-\mathrm{cn}^4(\frac{z-\bar{b}}{\bar{c}},k^2)]}}{1-4\mathrm{cn}^4(\frac{z-\bar{b}}{\bar{c}},k^2)} \tag{4,1}$$

mit $k^2 = 0{,}5$, $\bar{b}$ und $\bar{c}$ sind konstant.

Die Ermittlung der erforderlichen Funktionswerte erfolgt mit Hilfe von Nomogrammen der folgenden Funktionen:

a) $w = \mathrm{am}(z,k^2)$ (4,2)

b) $w = \ln \mathrm{cn}(z,k^2)$ (4,3)

c) $w = \cos z$ (4,4)

d) $w = e^z$ (4,5)

e) $w = z^2$ (4,6)

f) $aw^2 + z^2 = 1$ (4,7)

Der Ablauf und die Aufeinanderfolge der Ablesevorgänge und dazwischen erforderlichen elementaren Rechnungen mit komplexen Zahlen sind aus Tabelle 3 zu entnehmen. Alle hier benötigten Nomogramme sind in ihren Grundtypen in [5] entwickelt worden. Für jede der Funktionen (4,2) bis (4,7) werden eine Reihe von Nomogrammen benötigt, die sich durch die Werte der Formgebungsgrößen unterscheiden, je nach dem Bereich, in dem die abzulesenden Werte der Variablen liegen. Für Argumentwerte, die nahe an $K(k^2)$ bzw. $K'(k^2)$ liegen, bedient man sich der besonderen Nomogramme, die für (4,2) für diese Ablesebereiche angelegt wurden.

Zur Ermittlung der Funktionswerte in Spalte II der Tabelle 3 bestehen zudem zwei verschiedene Möglichkeiten: Man bestimmt sie entweder, indem man nacheinander ein Nomogramm für (4,2) und (4,4) oder ein solches für (4,3) und (4,5) benutzt. Es gibt Bereiche der Variablen, für welche die eine, und solche, für welche die andere Kombination eine günstigere Ablesemöglichkeit bietet (vgl. hierzu auch [7, II]).

Tabelle 4 gibt eine Zusammenstellung der auf diese Weise ermittelten Werte der Abbildungsfunktion (4,1) in den Punkten einer Hälfte der untersuchten rechtwinklig-gleichschenkligen Dreieckplatte. Diese wurde so gelegt, daß ihre Hypotenuse mit der y-Achse, ihre Höhe mit der x-Achse zusammenfällt.

Die mit der positiven x- und der positiven y-Achse zusammenfallenden Strecken wurden in je 10 gleiche Teilintervalle unterteilt. Das so entstehende Gitter wird durch (4,1) auf das in Abbildung 13 dargestellte krummlinige Netz im Innern des Einheitskreises abgebildet. Die Kurven dieses Netzes wurden als Ausgleichskurven der eingetragenen Punkte eingezeichnet. - Man vergleiche Abbildung 13 mit dem in [14] angegebenen Bild 8 sowie Tabelle 4 mit der ebenda angeführten Tabelle 3.

β) Die voll eingespannte Parallelogrammplatte mit dem Aufpunkt in Plattenmitte (s. hierzu [2]).

Auch hier ist die Abbildungsfunktion explizit bekannt.

Sind die Außenwinkel des Parallelogramms $\alpha_1 = \frac{2}{3}\pi$ und $\alpha_2 = \frac{1}{3}\pi$, 2a seine Seitenlänge und setzt man noch 2a = 1, so lautet sie nach [2]:

$$\zeta = \frac{\sqrt{[(\sqrt{3}+1) - (\sqrt{3}-1)\mathrm{cn}(\frac{z}{A},k^2)]^3} - \sqrt{[1 + \mathrm{cn}(\frac{z}{A},k^2)]^3}}{\sqrt{[(\sqrt{3}+1) - (\sqrt{3}-1)\mathrm{cn}(\frac{z}{A},k^2)]^3 - [1 + \mathrm{cn}(\frac{z}{A},k^2)]^3}} \qquad (4{,}9)$$

mit $k^2 = \frac{2 - \sqrt{3}}{4}$ und $A = 0{,}541\ 895\ 15$.

Der Ablauf und die Aufeinanderfolge der Ablesevorgänge und der dazwischen erforderlichen elementaren Rechnungen sind aus Tabelle 5 zu entnehmen, im übrigen gilt das zu Beispiel α Gesagte. Jedoch ist k^2 im Gegensatz zu Beispiel α hier keine glatte Dezimalzahl und daher sind die Skalen für x und für y nicht unmittelbar in den Nomogrammen der Funktionen (4,2) und (4,3) zu finden. Da in diesen Nomogrammen (s. [5]) jedoch auch die Kurven x = const und y = const eingezeichnet sind, ist es möglich, die hier benötigten Funktionswerte für den oben angegebenen Wert von k^2 durch Interpolation zu bestimmen.

Auf diese Weise wurde ein Gitter abgebildet, das durch ein von einer Parallelogrammseite und zwei halben Diagonalen bestimmtes rechtwinkliges Dreieck begrenzt ist. Die beiden Katheten dieses Dreiecks wurden in je 10 Teilintervalle unterteilt. Dieses Gitter wird durch (4,9) auf das in Abbildung 14 dargestellte krummlinige Netz im Innern des Einheitskreises der ζ-Ebene abgebildet. Die zugehörigen Funktionswerte sind in Tabelle 6 zusammengestellt. (Vgl. hierzu Abb. 4 und Tab. 2 in [2].)

Im vorliegenden Fall würde zur Berechnung der Funktionswerte ohne Verwendung von Nomogrammen ein besonders hoher Rechenaufwand erforderlich sein, da die Werte der reellen JACOBI-Funktionen wegen des unglatten Wertes von k^2 nicht unmittelbar in Funktionentafeln abgelesen werden können. (In [2] war hierzu eine Hilfstafel aufgestellt worden.) Andererseits muß durch die Interpolation in den Nomogrammen ein Genauigkeitsverlust hingenommen werden.

Zur Weiterbehandlung von α) und β) sind im Anschluß an die Ausführung der konformen Abbildung die Koeffizienten von Reihen harmonischer und biharmonischer Funktionen in der Ebene des Einheitskreises aus den (homogenen) Randbedingungen zu bestimmen. Die strenge Erfüllung der Randbedingungen wird in den Bildpunkten der Polygonecken und in einer Anzahl weiterer Punkte des Einheitskreises gefordert. Es läßt sich dann erreichen, daß die Funktionswerte in den dazwischen liegenden Punkten genügend klein bleiben. (Vgl. hierzu [2], [14].) Die Bildpunkte auf dem

Kreisrand in den Abbildungen 13 und 14 müssen also mit besonderer Sorgfalt bestimmt werden. Wesentlich ist, daß die Punkte mit genügender Genauigkeit auf dem Kreisrand liegen. Für einige wenige Punkte wird man daher eventuell eine numerische Rechnung ausführen. (Dies war bei den beiden vorliegenden Beispielen für jeweils 3 Punkte erforderlich.) Nachdem so die Koeffizienten der Reihen ermittelt sind, läßt sich die GREENsche Funktion des Problems, wie in [15] und [2] angegeben, aufbauen und damit die Einflußfläche bestimmen. Dabei sind die Koordinaten der Bildpunkte im Innern des Kreises in die entsprechenden Reihen einzusetzen und die so ermittelten Werte in die zugeordneten Punkte der z-Ebene (Plattenebene) zu übertragen. Die bei der Ermittlung der Werte ξ, η in den Tabellen 4 und 6 erreichte Genauigkeit ist auch für diesen Zweck ausreichend. Der für die Herstellung der konformen Abbildung benötigte Arbeitsaufwand beträgt etwa ein Drittel der Zeit, die für die numerische Berechnung bei [2] und [14] erforderlich war.

3. Grundwasserströmungen

Von H.F. ROSSBACH wurde folgendes Problem behandelt [13]: Ein undurchlässiger Damm von der Breite b steht auf einer horizontalen durchlässigen Schicht von konstanter Tiefe c (Abb. 15), die sich nach beiden Seiten ins Unendliche erstreckt. Die durchlässige Schicht ist nach unten

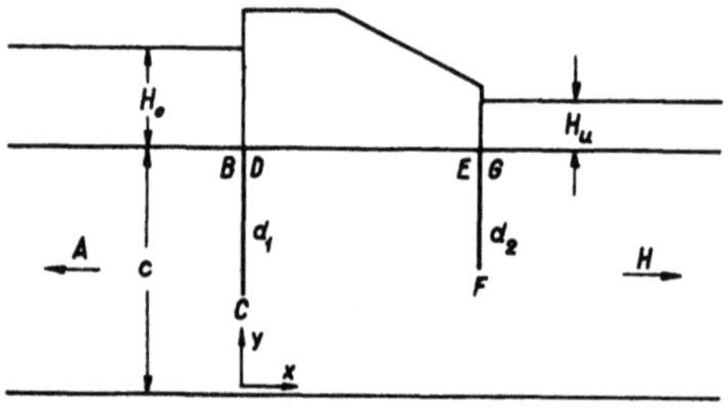

A b b i l d u n g 15

durch eine horizontale, undurchlässige Schicht begrenzt. Zu beiden Seiten des Dammes sind Spundwände bis zu den Tiefen d_1 bzw. d_2 eingerammt. Die Oberwasserhöhe sei H_o, die Unterwasserhöhe H_u. Es bezeichne z die Strömungsebene, und es sei $\varphi + i\psi$ das komplexe Potential, so daß φ = const Linien gleichen Geschwindigkeitspotentials, ψ = const Stromlinien bezeichnen. Es werden die folgenden Fälle behandelt:

α) Damm ohne Spundwände

β) Damm mit einer Spundwand an der Oberwasserseite

γ) Damm mit zwei Spundwänden.

Die Abbildung zwischen der Strömungsebene (z-Ebene) und der Ebene des komplexen Potentials (φ, ψ -Ebene) läßt sich aus einer endlichen Anzahl von Abbildungen mit explizit bekannten Abbildungsfunktionen zusammensetzen. Dazu werden eine Reihe von Hilfsebenen, nämlich eine Ebene Z, eine Ebene t und (nur im Falle γ) noch eine Ebene $\hat{t}$, eingeführt. Die Abbildung zwischen den Ebenen Z und $\varphi + i\psi$ wird in allen drei Fällen durch die Funktion

$$Z = \wp(\varphi_1 + i\psi_1; e_1, e_2, e_3) - a \qquad (4,10)$$

mit

$$\varphi_1 + i\psi_1 = \frac{\varphi + i\psi}{\frac{g}{\nu}\,\frac{H_o - H_u}{\omega_1}} \qquad (4,10a)$$

vermittelt. Dabei bezeichnet $\wp$ die WEIERSTRASSsche $\wp$-Funktion mit den Invarianten $g_2 = -4(e_1e_2 + e_1e_3 + e_2e_3)$, $g_3 = 4e_1e_2e_3$. Im vorliegenden Falle ist

$$e_1 = a + Z_H,\ e_2 = a + Z_G,\ e_3 = a + Z_B \text{ mit } a = -\frac{1}{3}(Z_H + Z_G + Z_B); \qquad (4,10b)$$

es bezeichnen Z_H, Z_G, Z_B die den Punkten H, G, B der z-Ebene zugeordneten Punkte der Z-Ebene. Ferner bezeichnet g die in Richtung der negativen y-Achse wirkende Fallbeschleunigung, ν den DARCYschen Widerstandskoeffizienten des Materials der Sickerschicht, ω_1 die reelle Halbperiode der WEIERSTRASSschen $\wp$-Funktion.

Die Abbildung der Z-Ebene auf die z-Ebene wird im Falle α) durch die Funktion $Z = e^{-(\pi/c)\cdot z}$ vermittelt, in den Fällen β) und γ) läßt sich die Abbildungsfunktion aus zwei oder mehr geschlossen angebbaren Funktionen zusammensetzen:

β)

$$Z = \frac{1}{t - t_A} = \frac{1}{t + \operatorname{ctg}^2\left(\frac{\delta_1 \pi}{4}\right)} \quad \text{und} \qquad (4,11)$$

$$\operatorname{tgh}\left(\frac{\pi}{2c} z\right) = \frac{t+1}{2\sqrt{t}} \cdot i \cdot \operatorname{tg}\left(\frac{\delta_1 \pi}{2}\right) \qquad (4,12)$$

mit $\delta_1 = 1 - \frac{d_1}{c}$.

γ)

$$Z = \frac{1}{\left(\frac{1+\sqrt{\hat{t}}}{1-\sqrt{\hat{t}}}\right)^2 - 1} \qquad (4,13)$$

$$\hat{t} = -\frac{(t-t_F)(t_E-\bar{t}_F)}{(t-\bar{t}_F)(t_E-t_F)} \qquad (4,14)$$

und anschließende Verwendung der Funktion (4,12).

Die Abbildungsfunktionen (4,10) - (4,14) wurden durch geeignete Umformungen aus den in [13] angegebenen Funktionen gewonnen. (In [13] mußten alle Funktionen mit Hilfe von JACOBI-Funktionen dargestellt werden, weil nur für JACOBI-Funktionen eines reellen Arguments Tafeln vorlagen.)

Diese Umformungen wurden vorgenommen, um soweit als möglich die benötigten Funktionswerte mit Hilfe der in [5], [7] und [8] entwickelten Nomogramme und in einer möglichst zweckmäßigen Aufeinanderfolge der Ablesevorgänge bestimmen zu können. Eine besonders weitgehende Vereinfachung ließ sich dabei im Falle α) durch Benutzung besonderer Zusammenhänge erreichen, die bereits in [5] und [8] angegeben wurden. Im Falle α) ist nämlich $Z_H = 0$ und daher $e_1 = a$ wegen (4,10b). Durch Umnumerierung der e_i derart, daß

$e_1 = e_2^*$, $e_2 = e_1^*$, $e_3 = e_3^*$, erhält (4,10) die Form

$$Z = \wp(\varphi_1+i\psi_1; e_1^*, e_2^*, e_3^*) - e_2^* \quad , \qquad (4,15)$$

wobei jedoch $\Delta_1^* = (e_2^*-e_1^*)(e_2^*-e_3^*) = \lambda^2 \neq 1$, $\lambda^2 > 0$ wird.

Die in [5] und [8] entwickelten Nomogramme zur Ermittlung von Funktionswerten der WEIERSTRASSschen $\wp$-Funktion liefern zunächst $\ln[\wp(z;\, e_1, e_2, e_3) - e_2]$ mit $\Delta_1 = (e_2-e_1)(e_2-e_3) = +1$ oder $\Delta_1 = -1$. Man kann sie jedoch auch im Falle $\Delta_1 = \lambda^2 \neq 1$ bzw. $\Delta_1 \neq -1$ zur Ablesung benutzen, wenn man folgende Beziehung beachtet:

$$\ln[\wp(\varphi_1+i\psi_1; e_1^*, e_2^*, e_3^*) - e_2^*] = \ln\left[\wp\left((\varphi_1+i\psi_1)\sqrt{\lambda}; \frac{e_1^*}{\lambda}, \frac{e_2^*}{\lambda}, \frac{e_3^*}{\lambda}\right) - \frac{e_2^*}{\lambda}\right] + \ln\lambda \, . \qquad (4,15a)$$

Damit ist es möglich, im Falle α die Funktionswerte

$$z = -\frac{h}{\pi}\ln Z = -\frac{h}{\pi}\ln[\wp(\varphi_1+i\psi_1;\, e_1^*, e_2^*, e_3^*) - e_2^*]$$

im wesentlichen unmittelbar durch Ablesungen an einem einzigen Nomogramm zu bestimmen.

In den Fällen β) und γ) ist wegen $\Delta_1 \neq 1$ ebenfalls die Beziehung (4,15a) zu beachten.

Der Ablauf der Ablesevorgänge und der dazwischen erforderlichen Rechnungen für die Fälle α, β, γ ist aus den Tabellen 7, 8, 9 zu entnehmen. Dabei sind nur Addition und Multiplikation mit reellen Konstanten und Division zweier komplexer Funktionswerte durch Rechnung auszuführen, während alle übrigen Operationen einschließlich Quadratwurzelbildung, Quadrieren und Ermittlung von Funktionswerten bei elementaren Transzendenten ebenso wie die Ermittlung der Werte der $\wp$-Funktion mit Hilfe der Nomogramme ausgeführt werden können.

Zur Ermittlung der Äquipotentiallinien bzw. der Stromlinien der zu behandelnden Grundwasserströmungen wählt man für die Veränderlichen φ_1, ψ_1 eine Anzahl äquidistanter Werte in den Intervallen $0 \leq \varphi_1 \leq \omega_1$, $0 \leq \psi_1 \leq |\omega_2|$.

Dabei ist

$$\omega_1 = \frac{K(k_\wp^2)}{\sqrt{Z_H - Z_B}} \quad , \quad \frac{\omega_2}{i} = \frac{K'(k_\wp^2)}{\sqrt{Z_H - Z_B}}$$

mit

$$k_\wp^2 = \frac{Z_G - Z_B}{Z_H - Z_B}$$

Ein Teil der zu diesen Werten φ_1 bzw. ψ_1 gehörigen Werte von $Z = X + iY$ und $z = x + iy$ ist für die Fälle β und γ in den Tabellen 11 und 12 zusammengestellt. Die Tabelle 10 für den Fall α enthält nur die zu φ_1 bzw. ψ_1 gehörigen Werte $z = x + iy$, da hier die Hilfsveränderliche Z nicht benötigt wurde. Die Abbildungen 16, 17, 18 zeigen die nach den Tabellen aufgezeichneten Stromlinien und Äquipotentiallinien, die in [13] nicht ermittelt wurden.

Für die unter 3. behandelten Beispiele ist die Anwendung nomographischer Hilfsmittel zur Herstellung der verschiedenen, nacheinander anzuwendenden konformen Abbildungen besonders vorteilhaft. Einmal ist die Anzahl der zu bestimmenden Funktionswerte elliptischer Funktionen eines komplexen Arguments noch wesentlich größer als bei den Beispielen unter 2.

Außerdem wäre die numerische Berechnung, da nicht einmal Tafeln der $\wp$-Funktion eines reellen Arguments vorliegen, noch verwickelter. Zum anderen sind die Anforderungen an die Genauigkeit hier geringer als bei den unter 2. behandelten Anwendungsbeispielen.

4. Die Umströmung zweier Kreiszylinder

In der klassischen Aerodynamik spielt das Problem der (inkompressiblen) Umströmung zweier Kreise eine wesentliche Rolle, da es in engem Zusammenhang steht mit der praktisch wichtigen Aufgabe der Behandlung des Tragflügels mit Querruder und des Doppeldeckers. Über diese Fragen sind in den letzten Jahrzehnten eine Reihe von Arbeiten erschienen [3][10]. Die Aufgabe wurde gelöst mit Hilfe der konformen Abbildung des Außengebietes der beiden Kreise auf ein Rechteck. Die numerische Behandlung ist wegen der auftretenden höheren transzendenten Funktionen mit einem erheblichen Rechenaufwand verknüpft. Es soll hier folgendes idealisierte Beispiel gewählt werden:

Gegeben sei die in Abbildung 19 dargestellte Konfiguration in der Strömungsebene (z-Ebene). Die Kreise K_1 und K_2 sollen denselben Radius a haben. Q_1, Q_2 seien die Schnittpunkte aller Kreise des zu K_1, K_2 orthogonalen Büschels. Es liege eine Parallelströmung mit der durch den Pfeil gekennzeichneten Anströmrichtung und der (komplexen) Geschwindigkeit

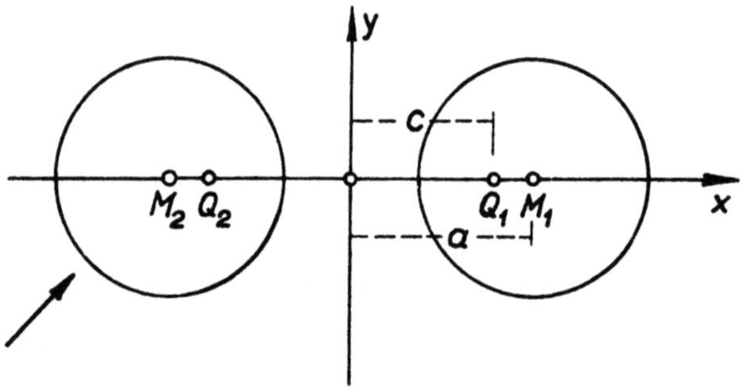

Abbildung 19

$w_\infty = u_\infty - i\, v_\infty$ vor; die Zirkulation um K_1 bzw. K_2 habe den Wert Γ_1 bzw. Γ_2. Außerdem werde gesetzt:

---

10. s.ferner z.B. I.FLÜGGE-LOTZ und I.GINZEL, Ing. Arch. XI (1940), S. 268-288
E.BAUERMEISTER, Dissertation Karlsruhe 1941

$$\operatorname{arc\,ctgh}\left(\frac{a}{c}\right) = \beta$$

$$\Gamma_1 + \Gamma_2 = -\Gamma \,.$$

Bildet man die z-Ebene durch

$$Z = \ln \frac{z + c}{z - c} \tag{4,16}$$

auf eine Z-Hilfsebene ab, so läßt sich das komplexe Potential wie folgt darstellen [3]:

$$\Omega(Z) \equiv \varphi + i\psi = \frac{-i\Gamma}{2\pi} \ln \frac{\sigma(Z)}{\sigma(Z+2\beta)} + 2c[w_\infty \zeta(Z) - \bar{w}_\infty \zeta(Z+2\beta)] + i\varkappa Z \tag{4,17}$$

mit

$$i\varkappa = \frac{i}{2\pi}\Gamma_1 - \frac{1}{\pi^2}\Gamma \beta\zeta(\omega_2) + \frac{4cv_\infty \zeta(\omega_2)}{\pi}$$

Dabei bezeichnen ζ bzw. σ die WEIERSTRASSsche ζ-Funktion bzw. die σ-Funktion mit den Parametern (Halbperioden) ω_1 und ω_2, wobei $\omega_1 = 2\beta$; $\omega_2 = i\pi$ ist.

Im Gegensatz zu den unter 2. und 3. behandelten Beispielen ist es hier nicht möglich, die Stromlinien und die Äquipotentiallinien unmittelbar zu bestimmen. Denn zunächst sind nur die Funktionen (4,16 und (4,17) explizit angebbar, während es schon nicht möglich ist, $Z = f(\varphi + i\psi)$ unmittelbar anzugeben. Jedoch ist (4,16) mit Hilfe von Nomogrammen elementarer Funktionen bestimmbar und (4,17) kann so umgeformt werden, daß seine Werte im wesentlichen mit Hilfe von Nomogrammen der elliptischen Funktionen bestimmt werden können. Anschließend läßt sich dann das Netz der Stromlinien und Äquipotentiallinien auf graphisch-rechnerischem Wege ermitteln:

Man bestimmt zu einer Anzahl äquidistanter Werte von X,Y, also zu einem kartesischen Netz in der Z-Ebene, das vermöge (4,17) zugeordnete φ,ψ - Netz. In diesem legt man Geraden φ = const bzw. ψ = const an, überträgt sie in die Z-Ebene zurück und von dort mittels (4,16) in die z-Ebene. (Man hat also ein Netztafelnomogramm für das Funktionensystem $\varphi = \varphi(X,Y)$, $\psi = \psi(X,Y)$ mit zwei äquidistant nach φ und ψ bezifferten kartesischen Geradenscharen und verwandelt es in ein Netztafelnomogramm für dasselbe Funktionensystem mit zwei äquidistant nach X und Y bezifferten kartesischen Geradenscharen.)

Um bei der Ermittlung der Funktionswerte (4,17) die früher entwickelten Fluchtliniennomogramme verwenden zu können, werden die einzelnen Summanden wie folgt umgeschrieben:

Wegen

$$\int \zeta(Z)\, dZ = \ln \sigma(Z)$$

folgt unter Benutzung des Additionstheorems

$$\zeta(Z+2ß) = \frac{1}{2}\,\frac{\wp'(Z)-\wp'(2ß)}{\wp(Z)-\wp(2ß)} + \zeta(Z) + \zeta(2ß) \qquad (4,18)$$

mit $\wp(2ß) = e_1$, $\wp'(2ß) = 0$ nach einfacher Rechnung:

$$\ln \frac{\sigma(Z)}{\sigma(Z+2ß)} = - Z\zeta(2ß) - \frac{1}{2}\ln(\wp(Z) - e_1) \; . \qquad (4,19)$$

Weiter ergibt sich aus (4,18) die Beziehung

$$\zeta(Z) - \zeta(Z+2ß) = -\frac{1}{2}\,\frac{\wp'(Z)}{\wp(Z)-e_1} - \zeta(2ß) \qquad (4,20a)$$

oder damit gleichwertig:

$$\zeta(Z) - \zeta(Z+2ß) = + \frac{\sqrt{e_1-e_3}\;\mathrm{dn}(Z\sqrt{e_1-e_3},k_\wp^2)}{\mathrm{sn}(Z\sqrt{e_1-e_3},k_\wp^2)\,\mathrm{cn}(Z\sqrt{e_1-e_3},k_\wp^2)} - \zeta(2ß), \qquad (4,20b)$$

wobei

$$k_\wp^2 = \frac{e_2 - e_3}{e_1 - e_3} \; , \quad e_3 = \wp(i\pi) \; , \quad e_2 = -\wp(2ß) - \wp(i\pi).$$

Ferner ist

$$\zeta(Z) + \zeta(Z+2ß) = - \frac{\sqrt{e_1-e_3}\;\mathrm{dn}(Z\sqrt{e_1-e_3},k_\wp^2)}{\mathrm{sn}(Z\sqrt{e_1-e_3},k_\wp^2)\,\mathrm{cn}(Z\sqrt{e_1-e_3},k_\wp^2)} + \zeta(2ß) +$$

$$+ 2\zeta(X) + \frac{\wp'(X)}{\wp(X)+\wp(Y)} - i\left(2\zeta(Y) + \frac{\wp'(Y)}{\wp(X)+\wp(Y)}\right), \qquad (4,21)$$

wobei zum Argument X die Invarianten g_2, g_3, zu Y aber g_2, $-g_3$ gehören.

In (4,21) kann das erste Glied auf der rechten Seite wie in (4,20) durch $\frac{1}{2}\frac{\wp'(Z)}{\wp(Z)-e_1}$ ersetzt werden. - Die Werte (4,20), (4,21) treten auf, wenn man den zweiten Summanden von (4,17) in zwei Glieder mit den Faktoren u_∞ und v_∞ zerlegt.

Die Relationen (4,19) - (4,21) zeigen, daß die Bestimmung der Werte von $\Omega(Z)$ aus (4,17) mit Hilfe von Nomogrammen möglich ist, wenn man außerdem noch eine Tafel der WEIERSTRASSschen ζ-Funktion eines reellen Arguments zur Verfügung hat. Wie die Relationen (4,20a), (4,20b) und (4,21) erkennen lassen, kann man sich zur Bestimmung der Funktionswerte $\zeta(Z)\pm\zeta(Z+2\beta)$ sowohl der Funktion (3,5) als auch der Funktion (3,6) bedienen, deren Werte sich nach III, 1 ermitteln lassen. - Die Werte $\wp(X)$, $\wp(Y)$, $\wp'(X)$, $\wp'(Y)$ in (4,21) lassen sich ebenfalls mit Hilfe von Nomogrammen bestimmen.

Eine Tafel der WEIERSTRASSschen ζ-Funktion eines reellen Arguments ist im Rechenzentrum der Technischen Hochschule Aachen auf dem Elektronenrechner Si 2002 hergestellt worden. Über ihre Berechnungsweise werden im Zusammenhang mit anderen Überlegungen dieser Art in einem späteren Bericht nähere Angaben gemacht.

Die vorstehend geschilderte Berechnungsmethode wurde auf ein Beispiel angewandt, das durch Vorgabe der Werte von a, c, Γ, $\varkappa$, v_∞ ausgewählt wurde. Hieraus berechnet sich der Radius R der umströmten Kreise zu $R = \frac{c}{\sinh \beta} = \frac{1}{2}\frac{a+c}{a-c}$.
Aus $\Omega'(Z_S) = 0$ gewinnt man mit $t = sn^2\left(\sqrt{e_1-e_3}\, Z_S, k_\wp^2\right)$ bei vorgegebenem Γ eine algebraische Gleichung in t, mit deren Hilfe die Staupunkte ermittelt werden können (vgl. Abb. 22).

Den Ablauf der Ablesevorgänge und der dazwischen erforderlichen elementaren Rechnungen zeigt Tabelle 13. Das Netz der Stromlinien und Äquipotentiallinien ist für einen Teilbereich in Abbildung 20 dargestellt. Es wurde aus dem in Abbildung 21 angegebenen Netz in der φ-ψ-Ebene entwickelt. Die große Zahl der auszuführenden Schritte führt zwar zu einem beträchtlichen Arbeitsaufwand, doch liegt dieser sehr erheblich unter dem, den eine Durchführung mit Tischrechenmaschinen erfordern würde. Dieselbe Aufgabe wurde auch mit Hilfe des Elektronenrechners Si 2002 durchgeführt. Das Ergebnis ist in den Abbildungen 22 und 23 dargestellt. Ein Vergleich zwischen den durch elektronische Rechnung und den nomographisch ermittelten Werten (vgl. die Tabelle und die Vergleichskurven in Abb. 23) erweist die gute Brauchbarkeit des nomographischen Verfahrens.

Es ist beabsichtigt, die Abhängigkeit des vollständigen Strömungsbildes von der Wahl der Parameter unter Ausbau des hier schon benutzten elektronischen Verfahrens in einem späteren Bericht noch eingehend zu diskutieren.

Das in IV, 4 beschriebene Verfahren läßt sich auch noch in Fällen anwenden, in denen die Potentialfunktion eine allgemeinere Struktur als (4,17) aufweist. Zum Beispiel kann die rechte Seite als eine endliche Summe oder eine Reihe dargestellt sein, deren Glieder beliebige Linearkombinationen oder genügend einfache Verbindungen nomographierbarer komplexer Funktionen sind. Wenn es ausreicht, von der Reihe eine nicht zu große Anzahl von Gliedern zu benutzen, so wird man, wie oben angegeben, durch eine gewisse Anzahl von einfachen oder nacheinander auszuführenden Ablesevorgängen und rationalen Operationen das dem kartesischen Netz in der Z-Ebene zugeordnete Netz in der φ-ψ-Ebene in genügend feiner Graduierung bestimmen und dann das kartesische φ-ψ-Netz in die Z-Ebene übertragen.

V. Einige Methoden zur Behandlung von speziellen Randwertproblemen bei Systemen von zwei linearen partiellen Differentialgleichungen zweiter Ordnung

In Kapitel IV wurden Beispiele behandelt, bei denen die Funktionswerte der (bekannten) Lösungsfunktionen einiger spezieller Randwertprobleme der Potential- und der Bipotentialgleichung mit Hilfe von Nomogrammen bestimmt werden können. Zu diesen Problemen gehören insbesondere Aufgaben aus der ebenen Elastizitätstheorie unter der Voraussetzung eines konstanten Elastizitätsmoduls (E-Modul). In der neueren Zeit treten aber immer häufiger auch Aufgaben auf, bei denen Medien mit örtlich veränderlichem E-Modul und solche Konfigurationen behandelt werden, die aus mehreren Medien mit verschiedenem und teilweise veränderlichem E-Modul zusammengesetzt sind. Beispiele hierfür bieten unter anderem mehrschichtige, insbesondere dreischichtige Stäbe und Platten, deren mittlere aus einem Leichtstoff bestehende Schicht einen in Dickenrichtung veränderlichen E-Modul hat, wie sie im modernen Leichtbau (z.B. Flugzeugbau) eine Rolle spielen. Hierfür sei auf [9], [10] verwiesen. Ferner ist man zur Einführung eines veränderlichen E-Moduls bei manchen Problemen der Erdbaumechanik genötigt.

Ist der E-Modul eine Funktion des Ortes, so treten in den partiellen Differentialgleichungen für die Verschiebungskomponenten zusätzliche

Glieder auf, die bewirken, daß man nicht mehr wie im Falle eines konstanten E-Moduls durch Differentiation und Elimination die Bipotentialgleichung gewinnen kann.

Die Differentialgleichungen, die ein solches Problem kennzeichnen, sind ein Sonderfall eines allgemeinen Systems von zwei linearen partiellen Differentialgleichungen zweiter Ordnung. Im folgenden sollen einige Ansätze zur Lösung von Randwertproblemen solcher Systeme für spezielle Randbedingungen diskutiert und auf eine Aufgabe aus der Elastizitätstheorie für ein Medium mit veränderlichem E-Modul angewandt werden.

1. Allgemeine Formulierung des Problems

Gegeben sei das folgende System linearer partieller Differentialgleichungen zweiter Ordnung:

$$a_i u_{xx} + 2b_i u_{xy} + c_i u_{yy} + d_i v_{xx} + 2e_i v_{xy} + f_i v_{yy} + g_i u_x + h_i u_y + j_i v_x + l_i v_y + m_i u + n_i v + r_i = 0 \quad , \quad i = 1,2 \quad . \tag{5,1}$$

Dabei können $a_i, \ldots, n_i, r_i$ von x und y abhängen.

Außerdem sei eine geschlossene Kurve C in der x-y-Ebene mit der Darstellung

$$x = x(t) \quad , \qquad y = y(t)$$

gegeben. Gesucht sind solche Funktionenpaare $u = u(x,y)$, $v = v(x,y)$, die in dem von C begrenzten Gebiet G dem System (5,1) und zugleich den Randbedingungen

$$\Big[\alpha_i u(x,y) + \beta_i v(x,y) + \varkappa_i u_x(x,y) + \lambda_i u_y(x,y) + \nu_i v_x(x,y) + \varrho_i v_y(x,y) - \delta_i(x,y)\Big]_{\substack{x=x(t)\\ y=y(t)}} = 0 \quad , \quad i = 1,2 \tag{5,2}$$

genügen.

Die Randkurve kann aus mehreren Stücken zusammengesetzt sein derart, daß für jedes Stück ein anderes Gleichungspaar der Form (5,2) als Randbedingung angesetzt wird. - Im folgenden werden Lösungsansätze diskutiert für den Fall, daß $\alpha_i, \ldots, \varrho_i$ in (5,2) konstant sind und G ein Rechteck, ein Parallelstreifen oder die Halbebene ist.

Indem man an [9] und [10] anknüpft, gelangt man zu Lösungsansätzen, bei denen die Lösung als eine endliche Summe oder eine Reihe nach vorgegebenen Funktionen der einen Veränderlichen y (bzw. x) angesetzt wird, deren Koeffizienten (unbekannte) Funktionen der anderen Veränderlichen x (bzw. y) sind (Doppelreihenansatz Nr. 2). Die vorzugebenden Funktionen von y (bzw. x) werden zweckmäßig so gewählt, daß schon ein Teil der Randbedingungen erfüllt ist.

Nun gibt es Reihen nach Funktionen der einen Veränderlichen, für die sich besonders leicht die Konvergenz prüfen und der Fehler abschätzen läßt, den man bei einem Abbrechen der Reihe nach einer endlichen Gliederzahl begeht. Diese Reihen sind aber unter Umständen zunächst zur Erfüllung der vorgegebenen Randbedingungen wenig geeignet. In solchen Fällen ist es aber manches Mal möglich und zweckmäßig, die Randbedingungen so abzuändern, daß die Erfüllung der abgeänderten Randbedingungen mit dem gewählten Funktionensystem ohne besondere Schwierigkeiten möglich ist und daß dennoch diese Abänderung in dem interessierenden Variablenbereich keinen nennenswerten Einfluß auf die Lösung hat.

Für die unbekannten Koeffizientenfunktionen erhält man ein System (linearer) gewöhnlicher Differentialgleichungen. Dieses kann auch mit Hilfe des Analogrechners (Nr. 4) behandelt werden. Da es sich bei (5,1) um ein System linearer partieller Differentialgleichungen handelt, läßt sich außerdem in jedem Falle das Differenzenverfahren (Nr. 5) anwenden.

Ein Anwendungsbeispiel wird angeführt (Nr. 3) und nach den angegebenen Methoden ausführlich behandelt. Die nach 5. erhaltenen Werte werden zur Beurteilung der Verfahren unter 2. und 4. herangezogen.

2. Behandlung mit Hilfe von Doppelreihenansätzen

In [9] und [10] wurden die Randverschiebungen für die elastische Halbebene und für den Parallelstreifen unter sinusförmiger Normalbelastung bei exponentiell abnehmendem E-Modul bestimmt. Dabei führten mit ganzzahligem m die Ansätze

$$\begin{aligned} u(x,y) &= p_1(x) \cdot \cos m\,y + p_2(x) \cdot \sin m\,y \\ v(x,y) &= q_1(x) \cdot \cos m\,y + q_2(x) \cdot \sin m\,y \end{aligned} \qquad (5,3)$$

zur Lösung. Die Funktionen $p_i(x)$, $q_i(x)$ ergaben sich als Integrale linearer homogener Differentialgleichungen mit konstanten Koeffizienten.

Der Ansatz (5,3) ist zwar für das unter 1. formulierte allgemeine Problem nicht mehr geeignet. Es liegt aber nahe, ihn in folgender Weise zu verallgemeinern:

$$u(x,y) = \sum_{m=0}^{n} [p_{1m}(x) \cos m y + p_{2m}(x) \sin m y]$$

$$v(x,y) = \sum_{m=0}^{n} [q_{1m}(x) \cos m y + q_{2m}(x) \sin m y] \ . \qquad (5,4)$$

In (5,4) kann $n \to \infty$ gehen. Dann stellt (5,4) eine Fourierentwicklung für die Lösungen von (5,1) dar. Diese ist zwar vielfach der Natur des Problems zunächst nicht angepaßt. Jedoch läßt sie sich in manchen Fällen nach einer geeigneten Abänderung der Randbedingungen doch anwenden. Es ist dabei aber zu prüfen, ob diese Abänderung so möglich ist, daß die Lösung noch ausreichend genau bleibt.

Weiterhin sind noch Potenzreihenansätze denkbar und zwar

$$u(x,y) = \sum_{m=0}^{\infty} p_m(y)\, x^m \ , \qquad v(x,y) = \sum_{m=0}^{\infty} q_m(y)\, x^m \qquad (5,5)$$

$$u(x,y) = \sum_{m=0}^{\infty} \bar{p}_m(x)\, y^m \ , \qquad v(x,y) = \sum_{m=0}^{\infty} \bar{q}_m(x)\, y^m \ . \qquad (5,6)$$

Die Ansätze (5,5) und (5,6) stellen zwar keine besonderen Anforderungen an die Struktur der Randbedingungen, jedoch ist ihre Konvergenz meist schwer zu untersuchen. Hierauf wird in Nr. 3 an Hand des Beispiels nochmals eingegangen.

Schreiben die Randbedingungen ein Abklingen der Lösungen vor, so kann es sinnvoll sein, die Lösungen als lineare Verbindungen aus Faktoren der Form

$$e^{-\mu y^2} y^m \qquad \text{bzw.} \qquad e^{-\mu y^2} x^m$$

mit von x bzw. y abhängigen Koeffizientenfunktionen für u(x,y) und aus analogen Gliedern für v(x,y) aufzubauen. Damit gelangt man mit noch unbestimmtem Parameter μ zu folgenden Ansätzen:

$$u(x,y) = e^{-\mu y^2} \sum_{m=o}^{\infty} p_m(y)\, x^m \;, \quad v(x,y) = e^{-\mu y^2} \sum_{m=o}^{\infty} q_m(y)\, x^m \qquad (5,7)$$

$$u(x,y) = e^{-\mu y^2} \sum_{m=o}^{\infty} \bar{p}_m(x)\, y^m \;, \quad v(x,y) = e^{-\mu y^2} \sum_{m=o}^{\infty} \bar{q}_m(x)\, y^m \;, \qquad (5,8)$$

Die Berechnung der Koeffizientenfunktionen gestaltet sich hier verwickelter als bei den Ansätzen (5,4), (5,5), (5,6). Außerdem bereitet die Untersuchung der Konvergenz der Reihenansätze Schwierigkeiten. Diese Schwierigkeiten treten nicht auf beim Ansatz (5,4), der die Lösungen in Form einer Fourierreihe gibt.

3. Anwendung auf ein Problem aus der Elastomechanik

Es sei die Halbebene $x > o$ als elastisches Medium mit in x-Richtung veränderlichem E-Modul gegeben. Es sollen bezeichnen:

$\gamma(x)$	:	spezifisches Gewicht des Mediums,
σ_x, σ_y	:	Normalspannung in der x- bzw. y-Richtung,
τ_{xy}	:	Schubspannung,
$u(x,y)$	:	Verschiebungskomponente in der x-Richtung,
$v(x,y)$	:	Verschiebungskomponente in der y-Richtung,
ν	:	Querkontraktionszahl,
$E(x)$	:	Elastizitätsmodul (E-Modul)

Mit diesen Bezeichnungen erhält man für die Verschiebungskomponenten u,v mit $\frac{dE}{dx} = E'(x)$ die beiden Differentialgleichungen

$$E(x)\,[\Delta u + \frac{1+\nu}{2}(v_{xy}-u_{yy})] + E'(x)(u_x+\nu v_y) + \gamma(1-\nu^2) = 0 \;,$$

$$E(x)\,[\Delta v + \frac{1+\nu}{2}(u_{xy}-v_{xx})] + E'(x)\,\frac{1-\nu}{2}(u_y + v_x) = 0 \,. \qquad (5,9)$$

Als Beispiel werde der Fall eines Dammes von dem in Abbildung 24 angegebenen Querschnitt gewählt. Dann gelten folgende Randbedingungen:

a) Längs x = 0 soll die Schubspannung verschwinden:

$$\tau_{xy}(o,y) = 0$$

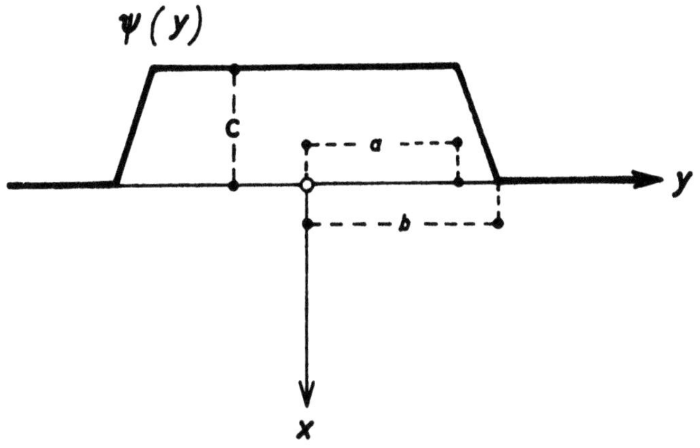

A b b i l d u n g 24

b) Bezeichnet P_o das Gewicht des Schüttgutes, so ist der durch die Last des Dammes auf die Bodenoberfläche (x = o) ausgeübte Normaldruck gegeben durch

$$\sigma_x(o,y) = P_o\psi(y) \tag{5,11}$$

mit

$$\psi(y) = -\frac{y+b}{b-a}c \quad \text{für} \quad -b \leq y \leq -a \tag{5,11a}$$

$$\psi(y) = -c \quad \text{für} \quad -a \leq y \leq a \tag{5,11b}$$

$$\psi(y) = \frac{y-b}{b-a}c \quad \text{für} \quad a \leq y \leq b \tag{5,11c}$$

$$\psi(y) = 0 \quad \text{für} \quad |y| > b \ . \tag{5,11d}$$

c) Die im Boden verursachten Setzungen verschwinden mit zunehmender Tiefe, für $|y| \gg b$ gehen sie in die Eigensetzung $u_o(x)$ des Erdreichs über.

Die Bedingungen a), b), c) lassen sich durch u(x,y), v(x,y) ausdrücken und somit in eine zur Formulierung der Randbedingungen von (5,9) geeignete Form bringen. Aus a) und b) folgen nämlich die Bedingungen:

$$u_y(o,y) + v_x(o,y) = 0 \ , \tag{5,12a}$$

$$u_x(o,y) + \nu v_y(o,y) = \frac{P_o(1-\nu^2)}{E(o)}\psi(y) \ , \tag{5,12b}$$

aus c) die Bedingungen

$$\lim_{x \to \infty} u(x,y) = 0 \quad (5,13a), \qquad \lim_{x \to \infty} v(x,y) = 0 , \qquad (5,13b)$$

$$\lim_{y \to \pm\infty} u(x,y) = u_o(x) \quad (5,14a), \qquad \lim_{y \to \pm\infty} v(x,y) = 0 . \qquad (5,14b)$$

Ist das Medium $x > 0$ in der x-Richtung nicht unendlich ausgedehnt, sondern stößt in der Tiefe $x = h$ auf ein starres Medium, so treten an Stelle von (5,13a,b) die Bedingungen

$$u(h,y) = 0 \quad (5,15a), \qquad v(h,y) = 0 . \qquad (5,15b)$$

Zunächst soll die Eigensetzung bestimmt werden. Dazu ist $\psi(y) = 0$ zu setzen, und es gilt:

$$v(x,y) = 0 , \qquad u(x,y) = u_o(x) . \qquad (5,16)$$

Geht man mit dem Ansatz (5,16) in (5,9) ein, so erhält man für $u_o(x)$ die gewöhnliche Differentialgleichung

$$E(x)\, u_o'' + E'(x)\, u_o' + \gamma(x)\, (1 - \nu^2) = 0 \qquad (5,17)$$

mit den Randbedingungen

$$u_o'(o) = 0, \quad \lim_{x \to \infty} u_o(x) = 0 \quad (5,18a) \quad \text{bzw.} \quad u_o(h) = 0 . \qquad (5,18b)$$

Zur Lösung von (5,17) müssen Annahmen über $E(x)$ und $\gamma(x)$ gemacht werden. Mit den Ansätzen

$$E(x) = E_o\, e^{kx} , \quad \gamma(x) = \gamma_o\, e^{\vartheta x} , \quad E_o, k, \gamma_o, \vartheta \ \text{Konstante}, \quad \vartheta < k,$$

erhält man

$$u_o(x) = - \frac{\gamma_o (1 - \nu^2)}{\vartheta k\, E_o (\vartheta - k)} \left[\vartheta - k(1 - e^{\vartheta x})\right] . \ e^{-kx} \qquad (5,19a)$$

bzw.

$$u_o(x) = - \frac{\gamma_o (1 - \nu^2)}{\vartheta k\, E_o (\vartheta - k)} \left\{ \left[\vartheta - k(1 - e^{\vartheta h})\right] . \ e^{-kh} + \left[\vartheta - k(1 - e^{\vartheta x})\right] . e^{-kx} \right\}. \qquad (5,19b)$$

Es soll nun geprüft werden, welche der in 2. eingeführten Ansätze zur Behandlung des Problems geeignet sind.

Der Ansatz (5,6) führt offenbar dazu, daß die Setzungen beiderseits des Dammes beständig zunehmen und wird daher nicht weiter diskutiert.

Geht man mit (5,5) in (5,9) ein, so erhält man bei Beschränkung auf $m = 0, 1, 2, 3, 4$ für die 10 Funktionen $p_m(y)$, $q_m(y)$ Systeme von gewöhnlichen Differentialgleichungen, die sich durch geeignete Umformungen auf ein System von 10 linearen Differentialgleichungen dritter Ordnung mit konstanten Koeffizienten zurückführen lassen, die rekursiv lösbar sind. Dabei ergibt sich $u(x,y)$ als eine gerade, $v(x,y)$ als eine ungerade Funktion in y. Die nach Ausnutzung dieser Symmetriebedingungen noch verbleibenden Integrationskonstanten bestimmen sich aus einem linearen Gleichungssystem, indem man die Randbedingungen für einige Punkte ansetzt und prüft, wie weit sie in den übrigen Punkten erfüllt sind. Man erhält für $p_m(y)$, $q_m(y)$ allerdings Funktionen, die zu einer strengen Erfüllung der Randbedingungen in größerer Entfernung vom Damm nicht geeignet sind. Die auftretenden linearen Gleichungssysteme für die Integrationskonstanten bedürfen einer zusätzlichen Untersuchung. Dennoch zeigt sich, daß man für den vom Standpunkt der Bodenmechanik in erster Linie interessierenden Wert der (maximalen) Setzung in der Dammitte einen in der Größenordnung richtigen Wert erhält.

Die Forderung des Abklingens der Effekte mit zunehmendem Abstand von der Dammitte legt die Verwendung eines der Ansätze (5,7), (5,8) nahe. Der Ansatz (5,8) erfüllt das Differentialgleichungssystem nur für den Fall $\gamma_o = 0$ (homogenes System). Die Symmetrie des Problems führt zu folgender Spezialisierung von (5,8):

$$u(x,y) = e^{-\mu y^2} \sum_{m=o}^{\infty} p_m(x)\, y^{2m}\,, \quad v(x,y) = e^{-\mu y^2} \sum_{m=o}^{\infty} q_m(x)\, y^{2m+1}. \tag{5,20}$$

Für die weiteren Rechnungen wird zur Vereinfachung $\mu = 1$, $\nu = 0$ gesetzt. Alle Entwicklungen lassen sich für $\mu \neq 1$, $\nu \neq 0$ in derselben Weise durchführen.

Geht man mit (5,20) in (5,9) ein, so findet man, daß sich die Koeffizientenfunktionen $p_m(x)$, $q_m(x)$ aus den folgenden Rekursionsformeln bestimmen:

$$p_{m+1} = -\frac{1}{(m+1)(2m+1)}[p_m'' + kp_m' - (4m+1)p_m + 2p_{m-1} + \frac{1}{2}(2m+1)q_m' - q_{m-1}'] \qquad (5,21)$$

$$m = 1,\ 2,\ 3,\ \ldots$$

$$q_{m+1} = -\frac{1}{4(m+1)(2m+3)}[2(m+1)p_{m+1}' + 2k(m+1)p_{m+1} - 2p_m' - 2kp_m + q_m'' + kq_m' + $$
$$-4(4m+3)q_m + 8q_{m-1}] \qquad (5,22)$$

$$m = 1,\ 2,\ 3,\ \ldots$$

Insbesondere wird:

$$p_1 = -p_o'' - kp_o' + p_o - q_o' \qquad (5,21a)$$

$$q_1 = -\frac{1}{6}p_1' - \frac{1}{6}kp_1 + \frac{1}{6}p_o' + \frac{1}{6}kp_o - \frac{1}{12}q_o'' - \frac{1}{12}kq_o' + q_o \qquad (5,22a)$$

Die Funktionen $p_o(x)$, $q_o(x)$ bleiben also zunächst unbestimmt.

Der Ansatz (5,20) legt es nahe, die Randbedingung (5,12) so abzuändern, daß für $\psi(y)$ an Stelle von (5,11)

$$\psi(y) = -C\, e^{-\mu y^2}$$

mit solchen Konstanten C und μ gewählt wird, die den Daten des Problems besonders gut angepaßt sind.

Setzt man nun $p_o(x)$ und $q_o(x)$ als unendliche Reihen nach geeigneten Funktionen $f_\nu(x)$ mit Koeffizienten c_ν, d_ν an und geht mit dem hiernach gebildeten Ansatz (5,20) in die modifizierten Randbedingungen (5,12a), (5,12b) ein, so erhält man zu jeder der Randbedingungen eine Gleichung, die nach Potenzen von y geordnet werden kann. Die rechte Seite von (5,12a) hat den Wert 0, diejenige von (5,12b) ergibt eine von Null verschiedene Konstante. Beide Gleichungen müssen für beliebige Werte von y erfüllt sein. Dann sind die Randbedingungen (5,12a), (5,12b) mit dem modifizierten Wert von $\psi(y)$ streng erfüllt. Dies führt auf unendlich viele lineare Gleichungen für die unendlich vielen unbekannten Koeffizienten c_ν, d_ν. Damit auch die Randbedingungen (5,13a,b) bzw. (5,15a,b) erfüllt sind, müssen die Funktionen $f_\nu(x)$ geeignet gewählt werden, d.h. sie müssen einen Faktor e^{-x} im Falle der Randbedingungen (5,13) bzw. $e^{-\frac{1}{x-h}}$ im Falle der Randbedingungen (5,15) enthalten.

Wählt man an Stelle des Ansatzes (5,8) den Ansatz (5,7), so ergibt sich ein Rechnungsgang, der dem für den Ansatz (5,5) geschilderten weitgehend analog verläuft. Jedoch erhält man jetzt für die Koeffizientenfunktionen $p_m(y)$, $q_m(y)$ Systeme gewöhnlicher linearer Differentialgleichungen, deren Koeffizienten nicht mehr konstant sind, sondern Potenzen von y enthalten. Der Rechnungsgang wird daher so verwickelt, daß sich für das hier behandelte Beispiel allenfalls (5,8), nicht aber (5,7) empfiehlt. Aber auch der Ansatz (5,8) führt auf Schwierigkeiten, insbesondere bei der Prüfung der Konvergenz und der Fehlerabschätzung. Diese Schwierigkeiten werden beim Ansatz (5,4) vermieden.

Um (5,4) verwenden zu können, müssen wie bei (5,8) die Randbedingungen modifiziert werden. An Stelle der in Abbildung 24 dargestellten Konfiguration wird ein Ersatzmodell aufgestellt: Man denkt sich zusammen mit dem vorgegebenen Damm weitere Dämme desselben Querschnitts im Abstand d voneinander längs x = 0 verteilt. Dabei muß d so groß gewählt werden, daß sich die durch die einzelnen Dämme hervorgerufenen Setzungen gegenseitig nicht mehr nennenswert beeinflussen. Dies hat zur Folge, daß die Funktion $\psi(y)$ in (5,11) als eine periodische Funktion anzusetzen ist.

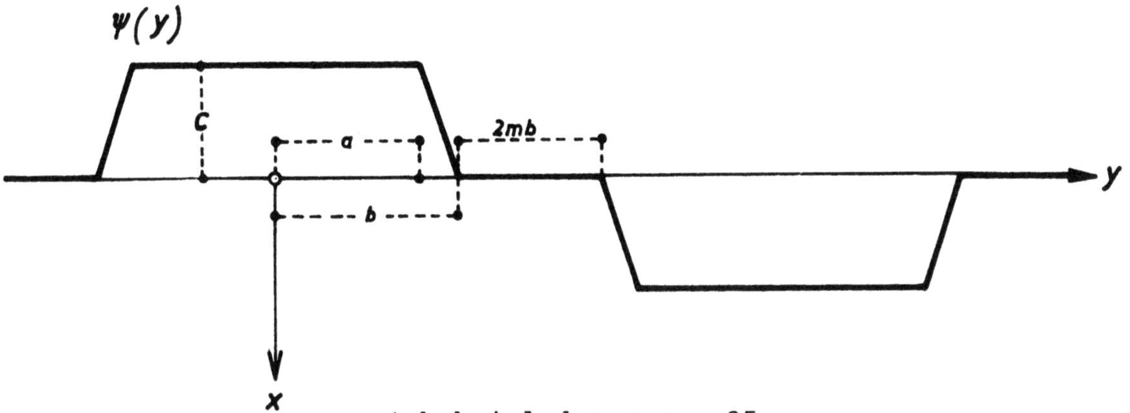

A b b i l d u n g 25

Wählt man sie entsprechend Abbildung 25, so enthält ihre Fourierdarstellung nur Koeffizienten mit ungeradem Index. In der Definition von $\psi(y)$ ist (5,11d) durch folgende Angaben zu ersetzen:

$$\left.\begin{array}{ll} \psi(y) = 0 & b \leq y \leq b(2m+1) \\ \psi(y) = c\,\dfrac{y - b(2m+1)}{b - a} & b(2m+1) \leq y \leq 2b(m+1) - a \\ \psi(y) = c & 2b(m+1) - a \leq y \leq 2b(m+1) \end{array}\right\} \qquad (5,11e)$$

Darin bedeutet m einen ganzzahligen Parameter. Er wird später so gewählt, daß die durch den vorgegebenen Damm hervorgerufene Setzung nicht wesentlich verändert wird durch die Gesamtsetzung der im Modell Abbildung 25 angebrachten periodisch verteilten zusätzlichen Dämme. Je geringer der Einfluß der zusätzlichen Dämme werden soll, um so größer muß deren Abstand und damit auch m werden. Die durch (5,11a,b,c,e) definierte Funktion $\psi(y)$ ist eine gerade Funktion mit der Fourierentwicklung

$$\psi(y) = \sum_{n=0}^{\infty} a_n \cos n\lambda y \quad \text{mit} \quad \lambda = \frac{\pi}{2b(m+1)} , \tag{5,23}$$

wobei $a_n = \frac{2c}{n^2\pi(b-a)\lambda}(\cos n\pi - 1)(\cos na\lambda - \cos nb\lambda)$.

Der Ansatz (5,4) vereinfacht sich noch, da $u(x,y)$ eine gerade, $v(x,y)$ eine ungerade Funktion in y ist, zu

$$u(x,y) = r(x) + \sum_{n=1}^{\infty} p_n(x) \cos n\lambda y \tag{5,24}$$

$$v(x,y) = \sum_{n=1}^{\infty} q_n(x) \sin n\lambda y \tag{5,25}$$

Geht man mit (5,24), (5,25) in (5,9) ein, so erhält man für $r(x)$ eine (5,17) äquivalente Differentialgleichung.

Für $p_n(x)$, $q_n(x)$ ergibt sich ein System von zwei linearen Differentialgleichungen zweiter Ordnung mit konstanten Koeffizienten:

$$p_n'' + kp_n' - \frac{1-\nu}{2} n^2\lambda^2 p_n + \frac{1+\nu}{2} n\lambda q_n' + k\nu n\lambda q_n = 0 \tag{5,26}$$

$$q_n'' + kq_n' - \frac{2}{1-\nu} n^2\lambda^2 q_n - \frac{1+\nu}{1-\nu} n\lambda p_n' - kn\lambda p_n = 0 \tag{5,27}$$

$$n = 1, 2, \dots$$

Die Randbedingungen (5,12a) und (5,12b) sind erfüllt, wenn $r(x)$, $p_n(x)$, $q_n(x)$ den Bedingungen

$$r'(o) = 0 \tag{5,28a}$$

$$q_n'(o) = n\lambda p_n(o) \tag{5,28b}$$

$$p_n'(o) + \nu n\lambda q_n(o) = \frac{P_o(1 - \nu^2)}{E_o} a_n \tag{5,28c}$$

genügen. Die Randbedingungen (5,13a), (5,13b) bzw. (5,15a), (5,15b) führen auf die Bedingungen:

$$\lim_{x\to\infty} r(x) = \lim_{x\to\infty} p_n(x) = \lim_{x\to\infty} q_n(x) = 0 \quad , \qquad (5{,}29a)$$

$$r(h) = p_n(h) = q_n(h) = 0 \quad . \qquad (5{,}29b)$$

(Die Bedingung (5,14b) hat für den Ansatz (5,4) und die in Abbildung 25 gekennzeichnete Modellvorstellung keine Berechtigung mehr.)

Es zeigt sich sofort, daß $r(x) \equiv u_o(x)$. Aus (5,26), (5,27) ergibt sich, daß sowohl $p_n(x)$ als auch $q_n(x)$ ein und derselben linearen Differentialgleichung 4. Ordnung mit konstanten Koeffizienten für eine unbekannte Funktion $g(x)$ genügen:

$$g'''' + 2kg''' + (k^2-2\lambda^2n^2)g'' - 2\lambda^2n^2kg' + (\lambda^4n^4+k^2\lambda^2n^2\nu)g = 0 \quad . \qquad (5{,}30)$$

Mit den Abkürzungen

$$\alpha_1 = -\frac{1+k}{2} < 0 \quad ,$$

$$\alpha_2 = \frac{1-k}{2} > 0 \quad ,$$

$$\beta = \sqrt{\frac{1^2-k^2}{4} - n^2\lambda^2} \quad ,$$

$$1^2 = \frac{k^2+4n^2\lambda^2}{2} + _{+}\sqrt{\left(\frac{k^2+4n^2\lambda^2}{2}\right)^2 + 4k^2\nu\, n^2\lambda^2}$$

schreiben sich die allgemeinen Lösungen von (5,26), (5,27) in der Form

$$p_n(x) = \sum_{i=1}^{2} (A_{in}\cos\beta\, x + B_{in}\sin\beta\, x)\, e^{\alpha_i x}$$

$$(5{,}32)$$

$$q_n(x) = \sum_{i=1}^{2} [A_{in}(j_i\cos\beta x - 1_i\sin\beta x) + B_{in}(1_i\cos\beta x + j_i\sin\beta x)]e^{\alpha_i x} \quad .$$

Die Randbedingungen (5,29a) führen wegen $\alpha_2 > 0$ auf

$$A_{2n} = B_{2n} = 0 \quad .$$

Dabei bezeichnen j_1, l_1, j_2, l_2 folgende Abkürzungen für rationale Verbindungen von α_1, α_2, β, l, λ, ν, k, b, m und π:

$$N_i j_i = (1+\nu)[\, 2\beta^2 l + n^2\lambda^2(\alpha_i(1+\nu) - 2k\nu)] \quad ,$$

$$N_i l_i = (1+\nu)^2\, n^2\lambda^2\beta - 2l(\alpha_i(1+\nu) - 2k\nu) \quad , \quad i = 1,\, 2$$

mit

$$N_i = n\,\lambda\,[4k\nu(k\nu+\alpha_i(1+\nu)) + (1+\nu)^2(\alpha_i^2+\beta^2)] \; .$$

Auf Grund der Randbedingungen (5,28a,b) erhält man schließlich:

$$E_o A_{1n} = \frac{P_o(1-\nu^2)\; a_n(\beta j_1 - \alpha_1 l_1)}{\nu n\lambda\beta(j_1^2+l_1^2) + l_1(\alpha_1^2+\beta^2) + n\lambda(\nu n\lambda l_1+\beta)}$$

$$E_o B_{1n} = \frac{P_o(1-\nu^2)\; a_n(\beta l_1 + \alpha_1 j_1 + n\lambda)}{\nu n\lambda\beta(j_1^2+l_1^2) + l_1(\alpha_1^2+\beta^2) + n\lambda(\nu n\lambda l_1+\beta)} \; . \qquad (5,33)$$

Die in (5,24), (5,25) auftretenden Reihen konvergieren sicher in jedem Punkt der Halbebene $x \geq 0$, da die a_n als Fourier-Koeffizienten einer integrierbaren Funktion gegen Null streben und die übrigen Faktoren der cos- und sin-Glieder sich im wesentlichen wie $e^{-|\alpha_1| x}$ verhalten.

Wenn man die Randbedingungen (5,29a) durch (5,29b) ersetzt, so werden auch $A_{2n} \neq 0$, $B_{2n} \neq 0$. Jetzt bestimmen sich A_{in}, B_{in} aus dem folgenden linearen Gleichungssystem:

$$\sum_{i=1}^{2} [(\beta l_i - \alpha_i j_i + n\lambda)\, A_{in} + (\beta j_i + \alpha_i l_i)\, B_{in}] = 0$$

$$\sum_{i=1}^{2} [(j_i \nu n\lambda + \alpha_i)\, A_{in} + (l_i \nu n\lambda + \beta)\, B_{in}] = \frac{P_o(1-\nu^2)}{E_o}\, a_n \qquad (5,34)$$

$$\sum_{i=1}^{2} [e^{\alpha_i h} (\cos\beta h\, A_{in} + \sin\beta h\, B_{in})] = 0$$

$$\sum_{i=1}^{2} [e^{\alpha_i h} (j_i \cos\beta h - l_i \sin\beta h)\, A_{in} + (l_i \cos\beta h + j_i \sin\beta h)\, B_{in}] = 0 \; .$$

Sowohl im Falle der Randbedingungen (5,29a) als auch im Falle (5,29b) vereinfachen sich die Lösungen unter der Annahme verschwindender Querkontraktion ($\nu = 0$) noch wesentlich.

Allerdings fallen jetzt die Wurzeln der zu (5,30) gehörigen charakteristischen Gleichung paarweise zusammen, und daher kann die allgemeine Lösung von (5,9) nicht aus (5,24), (5,25), (5,31), (5,32) gewonnen werden, indem man $\nu = 0$ setzt. Vielmehr hat man mit dem für den Fall reeller Doppelwurzeln gültigen Ansatz in (5,9) einzugehen und die Koeffizientenfunktionen in der bekannten Weise zu bestimmen.

Die Güte der gewonnenen Lösungen u(x,y), v(x,y) hängt einmal von der Wahl des Parameters m ab, sodann aber auch davon, wie gut die mit dem Wert n abgebrochene Reihe (5,23) die Funktion $\psi(y)$ approximiert. Man ermittelt die zweckmäßigen Werte für n und für m, indem man die Verschiebungen in einer praktisch interessierenden Umgebung der Dammitte für verschiedene Werte von n und m berechnet. Dies wurde für ein Intervall von der halben Breite 5b ausgeführt. Es genügt, für den Fall $\nu = 0$ zu rechnen. Ein Maß für den beim Abbrechen von (5,23) begangenen Fehler ist durch

$$Q = \frac{1}{4b(m+1)} \int_{-2b(m+1)}^{2b(m+1)} \psi^2(y)\, dy - \frac{1}{2} \sum_{1}^{n} a_n^2$$

$$= \frac{c^2(b+2a)}{3b(m+1)} - \frac{1}{2} \sum_{1}^{n} a_n^2 \qquad (5,35)$$

gegeben. Es soll gefordert werden, daß

$$|Q| \leqq 0{,}02 \, \frac{c^2(b+2a)}{3b(m+1)}$$

bleibt. Dann ergibt sich folgende Übersicht über die für verschiedene Werte von m erzielte Güte der Näherung und die hierfür erforderliche Anzahl n von Gliedern in (5,20):

Tabelle 14a

m	3	5	8	9
Q	1,39 %	1,68 %	2,04 %	2,04 %
n	9	13	19	23

Wählt man m = 8, so wird im Intervall $|y| \leq 5$ b beim Übergang zu m = 9 der Wert der Setzungen nur noch geringfügig beeinflußt. Es wurden hierzu Rechnungen für ein Beispiel mit folgenden Zahlen durchgeführt:

$$\nu = 0 \ , \ a = 4[m], \ b = 10[m], \ c = 4[m], \ h = 36[m], \ P_o = 1{,}8[t/m^3] \ ,$$

$$E_o = 800[t/m^2], \ k = 0{,}02 \ , \ \gamma_o = 0 \ .$$

Einen Ausschnitt aus dem Ergebnis zeigt Tabelle 14b:

T a b e l l e 14b

m	u(0,5b)	v(0,5b)
8	1,09	- 2,1
9	1,23	- 2,0

Durch die Wahl m = 9 erreicht man, daß für alle größeren Werte von m die Setzungen unterhalb und beiderseits des Dammes sich nicht mehr wesentlich unterscheiden. Dann erhält man für die Setzungslinie $\bar{u} = u(0,y)$ im Falle der Randbedingungen (5,29a) die Werte:

T a b e l l e 14c

y [m]	0	4	8	10	15	20	30	40	50
u(0,y)	17,8	15,9	11,7	9,6	6,1	4,7	2,7	1,9	1,2 [cm]

Im Falle der Randbedingungen (5,29b) ergeben sich dagegen folgende Werte:

T a b e l l e 14d

y [m]	0	4	8	10	15	20	30
u(0,y)	12,8	11,5	8,5	6,9	4,0	2,6	0,3 [cm]

4. Lösung mit Hilfe des Analogrechners

Nach 2. wird das Randwertproblem des Systems partieller Differentialgleichungen (5,9) auf die Lösung eines Systems gewöhnlicher Differentialgleichungen für gewisse Koeffizientenfunktionen zurückgeführt. Die Lösung solcher Systeme läßt sich nach geeigneten Umformungen auch mit Hilfe eines Analogrechners gewinnen. Besonders geeignet hierfür ist wieder der Ansatz (5,4). Es wird daher ausgegangen von dem System (5,26), (5,27). Die Rechnung wurde auf dem Analogrechner RA 463/2 der Firma Telefunken im Rechenzentrum der Technischen Hochschule Aachen durchgeführt.

Der Aufbau des Gerätes verlangt, daß alle während der Rechnung auftretenden Größen dem Betrage nach den Wert 1 nicht übersteigen. Um dies zu erreichen, werden nacheinander eine Transformation der abhängigen und eine Transformation der unabhängigen Veränderlichen ausgeführt. Diese Transformationen seien:

$$\varphi_n = \frac{p_n}{\bar{p}}, \quad \psi_n = \frac{q_n}{\bar{q}}, \quad t = \frac{K}{K_1} \cdot x \tag{5,36}$$

Hierin beschreiben K und K_1 die bei Analogrechnern übliche Transformation auf die Zeit als Koordinate, $\bar{p}, \bar{q}$ sind zunächst freie Parameter, über die noch geeignet verfügt wird. Durch (5,36) wird das System (5,26), (5,27) mit den Randbedingungen (5,28b,c), (5,29b) im Falle $\nu = 0$ übergeführt in das System

$$\begin{aligned} &\frac{1}{K_1^2}\varphi_n'' + \frac{k}{K K_1}\varphi_n' - 0{,}5\,\frac{\lambda^2 n^2}{K^2}\varphi_n + 0{,}5\,\frac{\bar{q}}{\bar{p}}\frac{\lambda n}{K K_1}\psi_n' = 0 \\ &\frac{1}{K_1^2}\psi_n'' + \frac{k}{K K_1}\psi_n' - 2\,\frac{\lambda^2 n^2}{K^2}\psi_n - \frac{\bar{p}}{\bar{q}}\frac{\lambda n}{K K_1}\varphi_n' - \frac{\bar{p}}{\bar{q}}\frac{k\lambda n}{K^2}\varphi_n = 0 \end{aligned} \tag{5,37}$$

mit den Randbedingungen

$$\varphi_n'(0) = \frac{1}{\bar{p}}\frac{K_1}{K}\frac{P_o}{E_o}a_n \tag{5,38a}$$

$$\psi_n'(0) = \frac{\bar{p}}{\bar{q}}\lambda n\frac{K_1}{K}\varphi_n(0) \tag{5,38b}$$

$$\varphi_n(\frac{K}{K_1} h) = 0 \qquad (5,38c)$$

$$\psi_n(\frac{K}{K_1} h) = 0 \qquad (5,38d)$$

In (5,37), (5,38) bedeutet ' die Ableitung nach t.

Bei der Lösung von Differentialgleichungen mit Hilfe des Analogrechners ist bekanntlich nur die Vorgabe von Anfangswerten möglich. Daher können nur (5,38a), (5,38b) unmittelbar in die Maschine eingegeben werden. Um Lösungen zu erreichen, die auch (5,38c), (5,38d) genügen, gibt man probeweise solange verschiedene Wertepaare $\varphi_n(0)$, $\psi_n(0)$ ein, bis die Integralkurven auf den Bildschirmen auch durch die durch (5,38c), (5,38d) vorgeschriebenen Kurvenpunkte gehen. Damit wird das Randwertproblem auf ein Anfangswertproblem zurückgeführt.

Die in den Abbildungen 26 und 27 dargestellte Lösungsschaltung ist so aufgebaut, daß sowohl $\varphi_n(x)$ als auch $\psi_n(x)$ soweit wie möglich durch eine in sich geschlossene Schaltung dargestellt werden. Trennt man die eine oder andere Verbindung zwischen den beiden Schaltungskreisen, so wirkt sich eine Änderung von $\varphi_n(0)$ oder $\psi_n(0)$ stärker auf die eine der beiden Integralkurven aus als auf die andere. So kann man die geeigneten Werte $\varphi_n(0)$, $\psi_n(0)$ schon einmal grob festlegen, d.h. man erhält das Intervall, in dem die im Rahmen der Ausgabegenauigkeit des Gerätes als genau zu bezeichnenden Ersatzwerte $\varphi_n(0)$, $\psi_n(0)$ liegen. Es erwies sich ferner als zweckmäßig, die Repetitionszeit t^* höchstens zu 1 sec. zu wählen. Um mit dem Verlauf der gesuchten Kurve für $0 < x < h$ die gesamte Bildschirmbreite auszunutzen, muß $\frac{K}{K_1} h = t^* \leq 1$ sein.

Nach einer Reihe von Versuchen ergab sich folgende Wahl der Parameter als besonders zweckmäßig:

Tabelle 15a

n	$\bar{p} = \bar{q}$	K
1	0,1	0,02
3	0,1	0,05
5	0,0625	0,1
7	0,05	0,125

$K_1 = 10$

Hiermit ergeben sich nachstehende Werte für die in der Schaltung auftretenden Faktoren sowie für die Anfangs- und Randwerte:

Tabelle 15b

n	$\frac{k}{K}$	$0{,}5\,\frac{\lambda^2 n^2}{K^2}$	$2\,\frac{\lambda^2 n^2}{K^2}$	$\frac{k\lambda n\bar{p}}{\bar{q}\,K^2}$	$0{,}5\,\frac{\lambda n\bar{q}}{\bar{p}K^2}$	$\frac{\lambda n\bar{p}}{\bar{q}\,K}$
1	1,000	0,308	1,235	0,785	0,393	0,786
3	0,400	0,444	1,778	0,377	0,472	0,943
5	0,200	0,309	1,235	0,157	0,393	0,786
7	0,160	0,387	1,549	0,141	0,440	0,880

Tabelle 15c

n	$\frac{1}{\bar{p}K}\,\frac{P_o}{E_o}\,a_n$	$\frac{K}{K_1}\,h$
1	- 0,628	0,070
3	- 0,247	0,175
5	- 0,190	0,350
7	- 0,179	0,438

Für die Ersatzwerte $\varphi_n(0)$, $\psi_n(0)$ ergab sich die nachstehende Tabelle:

Tabelle 15d

n	$\varphi_n(0)$	$\psi_n(0)$
1	- 0,287	- 0,076
3	- 0,278	- 0,117
5	- 0,356	- 0,164
7	- 0,335	- 0,158

Ein Vergleich der mit diesen Ersatzwerten auf dem Analogrechner gewonnenen Ergebnisse zeigt eine Übereinstimmung auf zwei Dezimalen mit den nach dem Ansatz (5,4) berechneten und in Tabelle 14d mitgeteilten numerischen Ergebnissen.

Gleichungen (5,39):

1. $$\frac{U_{1,o}-U_{o,o}}{j} + \frac{\nu}{l} V_{o,1} = \left(\frac{P_o(1-\nu^2)}{E_o}\psi(y)\right)_{o,o}$$

2. $$\frac{U_{1,1}-U_{o,1}}{j} + \frac{\nu}{2l} V_{o,2} = \left(\frac{P_o(1-\nu^2)}{E_o}\psi(y)\right)_{o,1}$$

3. $$\frac{U_{o,2}-U_{o,o}}{2l} + \frac{V_{1,1}-V_{o,1}}{j} = 0$$

4. $$\frac{U_{1,2}-U_{o,2}}{j} - \frac{\nu}{2l} V_{o,1} = \left(\frac{P_o(1-\nu^2)}{E_o}\psi(y)\right)_{o,2}$$

5. $$\frac{U_{o,1}}{2l} + \frac{V_{1,2}-V_{0,2}}{j} = 0$$

6. $$\frac{U_{2,o}-2U_{1,o}+U_{o,o}}{j^2} + \frac{1-\nu}{l^2}(U_{1,1}-U_{1,o}) + \frac{1+\nu}{4jl}(V_{o,1}-V_{2,1}) + \frac{k}{2j}(U_{2,o}-U_{o,o}) + \frac{k\nu}{l}V_{1,1} = 0$$

7. $$\frac{U_{2,1}-2U_{1,1}+U_{o,1}}{j^2} + \frac{1-\nu}{2l^2}(U_{1,2}-2U_{1,1}+U_{1,o}) + \frac{1+\nu}{8jl}(V_{0,2}-V_{2,2}) + \frac{k}{2j}(U_{2,1}-U_{0,1}) + \frac{k\nu}{2l}V_{1,2} = 0$$

8. $$\frac{V_{1,2}-2V_{1,1}}{l^2} + \frac{1-\nu}{2j^2}(V_{2,1}-2V_{1,1}+V_{o,1}) + \frac{1+\nu}{8jl}(U_{2,o}-U_{o,o}-U_{2,2}+U_{0,2}) + k\,\frac{1-\nu}{4l}(U_{1,2}-U_{1,o}) + k\,\frac{1-\nu}{4j}(V_{2,1}-V_{0,1}) = 0$$

$$9. \quad \frac{U_{2,2}-2U_{1,2}+U_{o,2}}{j^2} + \frac{1-\nu}{2l^2}(U_{1,1}-2U_{1,2}) + \frac{1+\nu}{8jl}(V_{2,1}-V_{o,1}) + \frac{k}{2j}(U_{2,2}-U_{0,2}) - \frac{k\nu}{2l} V_{1,1} = 0$$

$$10. \quad \frac{V_{1,1}-2V_{1,2}}{l^2} + \frac{1-\nu}{2j^2}(V_{2,2}-2V_{1,2}+V_{o,2}) + \frac{1+\nu}{8jl}(U_{2,1}-U_{o,1}) - k\frac{1-\nu}{4l} U_{1,1} + k\frac{1-\nu}{4j}(V_{2,2}-V_{o,2}) = 0$$

$$11. \quad \frac{U_{1,o}-2U_{2,o}}{j^2} + \frac{1-\nu}{l^2}(U_{2,1}-U_{2,o}) + \frac{1+\nu}{4jl} V_{1,1} - \frac{k}{2j} U_{1,o} + \frac{k\nu}{l} V_{2,1} = 0$$

$$12. \quad \frac{U_{1,1}-2U_{2,1}}{j^2} + \frac{1-\nu}{2l^2}(U_{2,2}-2U_{2,1}+U_{2,o}) + \frac{1+\nu}{8jl} V_{1,2} - \frac{k}{2l} U_{1,1} + \frac{k\nu}{2l} V_{2,2} = 0$$

$$13. \quad \frac{V_{2,2}-2V_{2,1}}{l^2} + \frac{1-\nu}{2j^2}(V_{1,1}-2V_{2,1}) + \frac{1+\nu}{8jl}(U_{1,2}-U_{1,o}) + k\frac{1-\nu}{4l}(U_{2,2}-U_{2,o}) - k\frac{1-\nu}{4j} V_{1,1} = 0$$

$$14. \quad \frac{U_{1,2}-2U_{2,2}}{j^2} + \frac{1-\nu}{2l^2}(U_{2,1}-2U_{2,2}) - \frac{1+\nu}{8jl} V_{1,1} - \frac{k}{2j} U_{1,2} - \frac{k\nu}{2l} V_{2,1} = 0$$

$$15. \quad \frac{V_{2,1}-2V_{2,2}}{l^2} + \frac{1-\nu}{2j^2}(V_{1,2}-2V_{2,2}) - \frac{1+\nu}{8jl} U_{1,1} - k\frac{1-\nu}{4l} U_{2,1} - k\frac{1-\nu}{4j} V_{1,2} = 0 \quad .$$

5. Differenzenverfahren und vergleichende Beurteilung

Ein bewährtes Verfahren zur Behandlung von Randwertproblemen linearer partieller Differentialgleichungen ist das Differenzenverfahren. Auf das Randwertproblem (5,9) soll es abschließend angewandt werden, um Möglichkeiten des Vergleichs mit den nach 3. und 4. ermittelten Werten zu gewinnen.

Es werde ein rechteckiges Netz mit den Gitterpunkten $x_i = i \cdot j$, $y_k = k \cdot l$, $i = 0,1,2\ldots$, $k = 0, \pm 1, \pm 2\ldots$ zugrunde gelegt. Dann sollen die Abkürzungen $U_{ik} = u(x_i, y_k)$, $V_{ik} = v(x_i, y_k)$ gelten. Ersetzt man dann im System (5,9) die partiellen Ableitungen durch die entsprechenden zentralen Differenzenquotienten, so wird dem System (5,9) im Falle der Randbedingungen (5,15a,b) ein System von Differenzengleichungen zugeordnet, das auf ein lineares Gleichungssystem für die Funktionswerte U_{ik}, V_{ik} in den Gitterpunkten führt. Das System vereinfacht sich, wenn man wieder berücksichtigt, daß $u(x,y)$ eine gerade, $v(x,y)$ eine ungerade Funktion in y ist, so daß

$$U_{i,-k} = U_{ik} \quad , \quad V_{i,-k} = - V_{i,k} \; .$$

Die Randbedingung (5,14) wird durch die Annahme ersetzt, daß die Setzungen in einer gewissen Entfernung von der Ebene $y = 0$ abgeklungen sind. Dies soll in den Randpunkten des in Abbildung 28 angegebenen Netzes der Fall sein. Das führt auf die Bedingung

$$U_{3,k} = V_{3,k} = 0 \; .$$

So findet man für den Fall $\nu = 0$ das in den Gln. (5,39) angegebene lineare Gleichungssystem für die $U_{i,k}$, $V_{i,k}$.

Bei der numerischen Rechnung wurde angenommen, daß die Setzungen in der Entfernung $y = 24[m]$ von der Dammitte abgeklungen sind, und es wird $h = 36\ [m]$ gesetzt. Für die Maschenweiten werden die Werte $j = 12$ und $l = 8$ gewählt. Die Lösung der entstehenden linearen Gleichungssysteme erfolgte mittels des GAUSSschen Algorithmus. Die erhaltenen Werte $U_{i,k}$, $V_{i,k}$ sind für $\nu = 0$ in Tabelle 16 zusammengestellt.

Ein Vergleich der nach 3., 4. und 5. erhaltenen numerischen Ergebnisse zeigt eine genügende Übereinstimmung, um die Brauchbarkeit der unter 3. und 4. diskutierten Methoden darzulegen. Nach dem Ansatz (5,4) kann man die Verschiebungen mit beliebiger Genauigkeit ermitteln, falls nur m

Tabelle 16

y[m] / x[m]	o	8	16	24
o	14,6	6,4	1,8	o
12	3,8	2,8	1,8	o
24	1,1	1,o	o,7	o
36	o	o	o	o

U_{ik} [cm]

y[m] / x[m]	o	8	16	24
o	o	- 11,7	- 6,5	o
12	o	- 2,1	- 1,6	o
24	o	- o,4	- o,4	o
36	o	o	o	o

V_{ik} [cm]

entsprechend gewählt wird, jedoch ist der Rechenaufwand verhältnismäßig hoch. Die Lösung nach dem Differenzenverfahren hat den praktischen Vorteil, sofort auch einen Überblick über die Verschiebungen in mehreren Bodenschichten zu verschaffen.

VI. Abschließende Bemerkungen

In [5] war bereits mitgeteilt worden, daß die dort veröffentlichten Untersuchungen die Grundlage eines umfangreichen Tafelwerkes mit Nomogrammen für die Funktionen $w = \mathrm{am}(z,k^2)$, $w = \ln \mathrm{cn}(z,k_c^2)$, $w = \ln \mathrm{sn}(z,k_s^2)$, $w = \ln[\wp(z;e_1,e_2,e_3)-e_2]$ sowie der elementaren Hilfsfunktionen bildeten. Die Arbeiten an der Herstellung dieses Nomogrammwerkes sind zur Zeit noch in Gang. Die in Kapitel IV des vorliegenden Berichts mitgeteilten Untersuchungen dienten neben der unmittelbaren Lösung der behandelten technischen Probleme insbesondere auch dazu, wesentlichen Aufschluß über die zweckmäßige Gestaltung dieses Nomogrammwerkes zu gewinnen, um bei der Behandlung solcher praktischen Aufgaben für alle vorkommenden Bereiche der Veränderlichen ein Höchstmaß an Ablesegenauigkeit zu erreichen. Die bei der Behandlung der Aufgaben in Kapitel IV gemachten Erfahrungen gaben Anlaß zur Entwicklung weiterer Nomogramme, um zum Beispiel auch für kleine Argumentwerte mit der gewünschten Genauigkeit ablesen zu können. Diese werden in das in Vorbereitung begriffene Tafelwerk aufgenommen.

Zusammenfassung

Der Gegenstand der Untersuchungen, die im Rahmen des vorliegenden Forschungsberichtes durchgeführt wurden, ist vielfältiger Natur. Ausgangspunk waren die in [5] mitgeteilten Untersuchungen über die nomographische Darstellung von Funktionen einer komplexen Veränderlichen. Es zeigte sich, daß diese noch mancher Erweiterung fähig waren. Zunächst wurde der Fall behandelt, daß an Stelle von Real- und Imaginärteil einer analytischen Funktion ein Funktionensystem aus irgend zwei Funktionen zweier reeller Veränderlicher durch ein Fluchtliniennomogramm dargestellt werden soll. Die Bedingung für die Darstellbarkeit und ein System von Differentialgleichungen für die Ermittlung der Skalenfunktionen wurden in Kapitel I angegeben.

Von besonderem Interesse ist der Fall, daß das darzustellende Funktionensystem noch einem System von zwei partiellen Differentialgleichungen 1. Ordnung genügt, wobei die CAUCHY-RIEMANNschen Differentialgleichungen ein Sonderfall dieses Systems sind. Durch Differentiationen dieses Systems und Eliminationen findet man, daß die Funktionen des Funktionensystems dann auch je einer quasilinearen partiellen Differentialgleichung 2. Ordnung genügen Irgendeine Lösung der einen partiellen Differentialgleichung 2. Ordnung stellt zusammen mit irgendeiner Lösung der anderen ein System konjugierter Lösungen der beiden Differentialgleichungen 2. Ordnung dar, wenn beide Lösungen gleichzeitig das genannte System partieller Differentialgleichungen 1. Ordnung erfüllen. (Sonderfälle: LAPLACEsche Gleichung, eindimensionale Wellengleichung.) Es wird gezeigt, daß es stets nomographierbare Partikulärlösungen des Differentialgleichungssystems gibt und wie sie zu ermitteln sind.

In Kapitel II werden als Anwendung nomographierbare konjugierte Lösungen der eindimensionalen Wellengleichung angegeben und die Grundformen ihrer Fluchtliniennomogramme im Anschluß an allgemeine Ausführungen über die geometrische Struktur solcher Nomogramme in [5] angeführt. In Kapitel III wird dargelegt, daß auch die Funktionswerte der Ableitungen und der unbestimmten Integrale der in [5] behandelten elliptischen Funktionen mit Hilfe der dort entwickelten Nomogramme ermittelt werden können. In Kapitel IV werden die in [5] angegebenen Nomogramme analytischer Funktionen einer komplexen Veränderlichen dazu benutzt, um die durch solche Funktionen vermittelten konformen Abbildungen explizit herzustellen. Dies wird an einer Reihe von solchen Anwendungsbeispielen dargelegt, bei denen die konforme Abbildung ein Mittel zur Lösung von Randwertproblemen der Potential- bzw. Bipotentialgleichung ist. Dabei werden auch solche Aufgaben behandelt, bei denen die Abbildungsfunktion nicht in geeigneter Weise auflösbar, aber ihre Umkehrung aus einem Aggregat von nomographierbaren Funktionen aufgebaut ist. Die nomographischen Verfahren dienen also hier dazu, in gewissen Fällen Lösungen von Anfangswertproblemen und Randwertproblemen spezieller partieller Differentialgleichungen 2. Ordnung zu ermitteln bzw. zur Darstellung zu bringen.

In Kapitel V wird der Fall eines Systems linearer partieller Differentialgleichungen 2. Ordnung aus der Elastomechanik diskutiert, dessen Lösungen nicht wie die der Probleme in Kapitel IV auf harmonische Funktionen zurückführbar sind, so daß die bisher zur Verfügung stehenden nomographischen Hilfsmittel nicht herangezogen werden können. Für dieses Problem werden verschiedene Methoden zur Lösung diskutiert (Doppelreihenansätze, Differenzenverfahren, Behandlung mit Hilfe des Analogrechners), wobei ein wesentlicher Gedanke für die praktische Lösbarkeit darin besteht, die strengen Randbedingungen durch solche zu ersetzen, die der Eigenart der verwendeten Lösungsmethode angepaßt sind, sofern diese Abänderung der Randbedingungen in dem interessierenden Variablenbereich die Lösung nicht wesentlich verändert.

Frau Stud. Ass. E. HAUPT danke ich für die ständige Unterstützung und Mitwirkung bei den meisten Untersuchungen und für die Berechnung und Konstruktion der meisten veröffentlichten Nomogramme, Herrn Dipl. Math. H. HILDEN für die Mitarbeit an den Untersuchungen in Kapitel V.

Alle erforderlichen elektronischen Rechnungen wurden im Rechenzentrum der Technischen Hochschule Aachen ausgeführt. Über die für diese Untersuchungen im Rechenzentrum entwickelten Methoden zur elektronischen Berechnung der Funktionswerte gewisser transzendenter Funktionen wird gesondert berichtet.

Prof. Dr. rer. techn. Fritz Reutter

Literaturverzeichnis

[1] HAUPT, D. — Beiträge zur theoretischen und praktischen Nomographie. Dissertation Aachen 1960

[2] HEINEN, R. — Beitrag zur Berechnung von Einflußflächen schiefwinkliger Platten. Ing.Arch., Bd.26 (1958), S. 268-287

[3] LAGALLY, M. — Die reibungslose Strömung im Außengebiet zweier Kreise. ZAMM[11] 9 (1929),S. 299-305

[4] PAULY, H. — Zur Theorie der anamorphosierbaren Funktionensysteme. Dissertation Aachen, 1960

[5] REUTTER, F. — Die nomographische Darstellung von Funktionen einer komplexen Veränderlichen und damit in Zusammenhang stehende Fragen der praktischen Mathematik. Forschungsberichte des Landes Nordrhein-Westfalen Nr. 912, Opladen 1960

[6] REUTTER, F. — Theorie der Fluchtliniennomogramme für Systeme von zwei Funktionen zweier reeller Veränderlichen. ZAMM 40 (1960),S. 75-93

[7] REUTTER, F. — Geometrische Untersuchungen über Nomogramme für elliptische Integrale erster Gattung und JACOBIsche elliptische Funktionen. ZAMM 40 (1960),Teil I, S. 433-448, Teil II, S. 529-541

[8] REUTTER, F. — Eine geometrische Darstellung der WEIERSTRASSschen $\wp$-Funktion. ZAMM 41 (1961),S. 54-65

[9] REUTTER, F. — Halbebene und Parallelstreifen mit veränderlichem E-Modul. Ing. Arch. XVI, 1947-48, S. 307-320

[10] REUTTER, F. — Über die Stabilität dreischichtiger Stäbe und Platten, deren mittlere aus einem Leichtstoff bestehende Schicht einen in Dickenrichtung veränderlichen E-Modul hat. ZAMM 28 (1948),Teil I, S. 1-12, Teil II, S. 132-142

11. ZAMM bedeutet Zeitschrift für angewandte Mathematik und Mechanik

[11] REUTTER, F. und D. HAUPT
Sammlung von Nomogrammen hoher Genauigkeit für elliptische Funktionen und elementare transzendente Funktionen eines komplexen Arguments.
Erscheint im Verlag G. Braun, Karlsruhe

[12] REUTTER, F. und H. HILDEN
Ein Randwertproblem aus der Bodenmechanik
Erscheint im Ingenieurarchiv, Bd.XXX (196

[13] ROSSBACH, H.F.
Über Grundwasserströmungen.
Ing.Arch. VII (1936) Teil I, S. 41-51
Teil II, S. 342-351
Ing.Arch. IX (1938) Teil III, S. 77-85

[14] SCHERER, A.
Allgemeine Herleitung singulärer Lösungen der biharmonischen Gleichung am Beispiel einer Dreiecksplatte mit freiem Rand.
Dissertation Aachen 1955

[15] SCHULZ-GRUNOW, F.
GREENsche Funktionen für elastische Platten.
ZAMM 33 (1953),S. 227-237

[16] REUTTER, F. und E. HAUPT
Zur nomographischen Darstellbarkeit gewisser Funktionensysteme.
Erscheint in ZAMM 41 (1961).

Tabelle 1

Nr.	Funktion	k^2-Bereich bzw. e_i-Werte	$\varepsilon=+1$: k^2_{am}	$\varepsilon=+1$ Transformation des Arguments	$\varepsilon=+1$ Transformation der abhängigen Veränderlichen	$\varepsilon=-1$: k^2_{am}	$\varepsilon=-1$ Transformation des Arguments	$\varepsilon=-1$ Transformation der abhängigen Veränderlichen
1	$w=\ln\frac{cn(z,k^2)\,dn(z,k^2)}{sn(z,k^2)}$	$0<k^2<1$	$k^2_{am}=-\frac{k'^2}{k^2}$	$x_{am}=k[-2y+3K'(k^2)]$ $y_{am}=k[2x-K(k^2)]$	$u_{am}=-v-\frac{\pi}{2}$ $v_{am}=-u+\ln k'$	$k^2_{am}=k'^2$	$x_{am}=-2y$ $y_{am}=2x-K(k^2)$	$u_{am}=-v$ $v_{am}=-u+\ln k'$
2	$w=\ln\frac{-sn(z,k^2)\,dn(z,k^2)}{cn(z,k^2)}$	$0<k^2<1$	$k^2_{am}=\frac{1}{k^2}$	$x_{am}=2kx$ $y_{am}=2k[y-\frac{K'(k^2)}{2}]$	$u_{am}=-v+\frac{\pi}{2}$ $v_{am}=u$	$k^2_{am}=\frac{1}{k'^2}$	$x_{am}=2k'y$ $y_{am}=2k'[-x+\frac{K(k^2)}{2}]$	$u_{am}=-v+\pi$ $v_{am}=u$
3	$w=\ln\frac{-k^2 sn(z,k^2)\,cn(z,k^2)}{dn(z,k^2)}$	$0<k^2<1$	$k^2_{am}=k^2$	$x_{am}=2[x-K(k^2)]$ $y_{am}=2[y-\frac{K'(k^2)}{2}]$	$u_{am}=-v-\frac{\pi}{2}$ $v_{am}=u-\ln k$	$k^2_{am}=-\frac{k^2}{k'^2}$	$x_{am}=2k'[x-\frac{K(k^2)}{2}]$ $y_{am}=2k'[y-\frac{3}{2}K'(k^2)]$	$u_{am}=-v$ $v_{am}=u-\ln k$
4a	$w=\ln\frac{\wp'(z,k_p^2)}{\wp(z,k_p^2)-e_2}$	$0<k_p^2<1$ Alle e_i reell, $e_1>e_2>e_3$ $e_1=\mu+\nu$ $e_2=2\mu$ $e_3=\mu-\nu$ $k_p^2=\frac{e_2-e_3}{e_1-e_3}$ $\Delta_1=16(e_1-e_3)^2>0$	$k^2_{am}=\frac{1}{k_p^2}$	$x_{am}=2[\sqrt{e_2-e_3}\,x-k_p K(k_p^2)]$ $y_{am}=2[\sqrt{e_2-e_3}\,y-k_p\frac{K'(k_p^2)}{2}]$	$u_{am}=-v+\frac{\pi}{2}$ $v_{am}=u-\ln 2-\frac{1}{2}\ln(e_1-e_3)$	$k^2_{am}=\frac{1}{k_p'^2}$	$x_{am}=-2\sqrt{e_1-e_2}\,y$ $y_{am}=2[\sqrt{e_1-e_2}\,x-k_p'\frac{K(k_p^2)}{2}]$	$u_{am}=-v-\pi$ $v_{am}=u-\ln 2-\frac{1}{2}\ln(e_1-e_3)$
4b		$0<k_p^2<1$ $e_1=\mu+i\nu$ $e_2=-2\mu$ $e_3=\mu-i\nu$ $k_p^2=\frac{1}{2}-\frac{3e_2}{4}\varepsilon$ $\Delta_1=16(e_1-e_3)^2<0$	$k^2_{am}=\frac{2(e_1-e_3)}{(e_1-e_3)+3e_2}$ $k^{*2}=\frac{1}{2}-\frac{k^2_{am}-2}{4k'_{am}}$ $\nu>0$	$x_{am}=2\sqrt{\nu}[x-\frac{1}{4}K(k_p^2)]$ $y_{am}=2\sqrt{\nu}[y-\frac{5}{4}K'(k_p^2)]$	$u_{am}=v+\frac{\pi}{4}$ $v_{am}=-u+\ln 4\sqrt{k_p k_p'}$	$k^2_{am}=\frac{2(e_1-e_3)}{(e_1-e_3)-3e_2}$ $k^{*2}=\frac{1}{2}-\frac{k^2_{am}-2}{4k'_{am}}$ $\nu<0$	$x_{am}=2\sqrt{\lvert\nu\rvert}[-y+\frac{5}{4}K'(k_p^2)]$ $y_{am}=2\sqrt{\lvert\nu\rvert}[x-\frac{3}{4}K(k_p^2)]$	$u_{am}=-v+\frac{\pi}{4}$ $v_{am}=u-\ln 4\sqrt{k_p k_p'}$

Tabelle 2

Nr.	Funktion	k^2-Bereich	k_{am}^2	Modul für die Argument-transform.	Bereich des Moduls k_{am}^2	$\varepsilon=-1$ Transformation des Arguments	$\varepsilon=-1$ Transformation der abhängigen Veränderlichen	Bereich des Moduls k_{am}^2	$\varepsilon=+1$ Transformation des Arguments	$\varepsilon=+1$ Transformation der abhängigen Veränderlichen
1a		$0<k_s^2<1$	$k_{am}^2=k_s'^2$ für $\varepsilon=-1$	k_s^2	$0<k_{am}^2<1$	$x=y_s-K'(k_s^2)$ $y=-x_s+K(k_s^2)$	$u=u_s+\frac{1}{k_s}\ln k_s'$ $v=v_s-\frac{\pi}{2k_s}$	$k_{am}^2<0$	$x=k_s y_s$ $y=k_s(-x_s+K(k_s^2))$	$u=u_s+\frac{1}{k_s}\ln k_s'$ $v=v_s$
1b	$w=\int sn(z,k_s^2)dz$	$k_s^2>1$		$k^{*2}=\frac{1}{k_s^2}$	$k_{am}^2<0$	$x=y_s$ $y=-x_s+k^*K(k^{*2})$	$u=u_s+k^*\ln\frac{k^{*\prime}}{k^*}$ $v=v_s$	$0<k_{am}^2<1$	$x=\frac{1}{k^*}y_s-K'(k^{*2})$ $y=-\frac{1}{k^*}x_s+K(k^{*2})$	$u=u_s+k^*\ln\frac{k^{*\prime}}{k^*}$ $v=v_s-\frac{\pi}{2k^*}$
1c		$k_s^2<0$	$k_{am}^2=\frac{-k_s'^2}{k_s^2}$ für $\varepsilon=+1$	$k^{*2}=\frac{-k_s^2}{k_s'^2}$	$k_{am}^2>1$	$x=y_s-k^{*\prime}K'(k^{*2})$ $y=-x_s$	$u=u_s-\frac{\pi}{2}\frac{k^{*\prime}}{k^*}$ $v=v_s+\frac{k^{*\prime}}{k^*}\ln k^{*\prime}$	$k_{am}^2>1$	$x=\frac{k^*}{k^{*\prime}}x_s-k^*K(k^{*2})$ $y=\frac{k^*}{k^{*\prime}}y_s$	$u=u_s$ $v=v_s+\frac{k^{*\prime}}{k^*}\ln k^{*\prime}$
2a		$0<k_c^2<1$	$k_{am}^2=\frac{1}{k_c'^2}$ für $\varepsilon=-1$	k_c^2	$k_{am}^2>1$	$x=k_c'(y_c-K'(k_c^2))$ $y=-k_c'(x_c-K(k_c^2))$	$u=u_c-\frac{\pi}{2k_c}$ $v=v_c$	$k_{am}^2>1$	$x=k_c x_c$ $y=k_c y_c$	$u=u_c$ $v=v_c$
2b	$w=\int cn(z,k_c^2)dz$	$k_c^2>1$		$k^{*2}=\frac{1}{k_c^2}$	$k_{am}^2<0$	$x=\frac{1}{k^{*\prime}}y_c$ $y=\frac{1}{k^{*\prime}}(-x_c+k^*K(k^{*2}))$	$u=u_c-\frac{\pi}{2k_c}$ $v=v_c$	$0<k_{am}^2<1$	$x=\frac{1}{k^*}x_c$ $y=\frac{1}{k^*}y_c$	$u=u_c$ $v=v_c$
2c		$k_c^2<0$	$k_{am}^2=\frac{1}{k_c^2}$ für $\varepsilon=+1$	$k^{*2}=\frac{-k_c^2}{k_c'^2}$	$0<k_{am}^2<1$	$x=\frac{1}{k^{*\prime}}y_c-\frac{1}{2}K'(k^{*2})$ $y=-\frac{1}{k^{*\prime}}x_c$	$u=u_c$ $v=v_c-\frac{k^{*\prime}}{k^*}\mathrm{arctg}\sqrt{k^*}$	$k_{am}^2<0$	$x=-\frac{k^*}{k^{*\prime}}y_c$ $y=\frac{k^*}{k^{*\prime}}x_c$	$u=u_c$ $v=v_c$
3a		$0<k_d^2<1$	$k_{am}^2=\frac{-k_d^2}{k_d'^2}$ für $\varepsilon=-1$	k_d^2	$k_{am}^2<0$	$x=k_d'(x_d-K'(k_d^2))$ $y=k_d'y_d$	$u=u_d-\frac{\pi}{2}$ $v=v_d$	$0<k_{am}^2<1$	$x=x_d$ $y=y_d$	$u=u_d$ $v=v_d$
3b	$w=\int dn(z,k_d^2)dz$	$k_d^2>1$		$k^{*2}=\frac{1}{k_d^2}$	$k_{am}^2>1$	$x=k^{*\prime}(-\frac{1}{k^*}y_d+K'(k^{*2}))$ $y=k^{*\prime}(\frac{1}{k^*}x_d-K(k^{*2}))$	$u=u_d-\frac{\pi}{2}$ $v=v_d$	$k_{am}^2>1$	$x=x_d$ $y=y_d$	$u=u_d$ $v=v_d$
3c		$k_d^2<0$	$k_{am}^2=k_d^2$ für $\varepsilon=+1$	$k^{*2}=\frac{-k_d^2}{k_d'^2}$	$0<k_{am}^2<1$	$x=\frac{1}{k^{*\prime}}x_d-K(k^{*2})$ $y=\frac{1}{k^{*\prime}}y_d$	$u=u_d-\frac{\pi}{2}$ $v=v_d$	$k_{am}^2<0$	$x=x_d$ $y=y_d$	$u=u_d$ $v=v_d$

Tabelle 3

I	II	III	IV	V	VI	VII	VIII	IX	X	XI	XII
$\frac{z-\bar{b}}{\bar{c}}$	$\mathrm{cn}\, I$	II^2	III^2	$2 \cdot IV$	$1+V$	$4 \cdot IV$	$1-VII$	$-\sqrt{12(1-IV)}$	$III \cdot IX$	$VI+X$	$\frac{XI}{VIII}$
Rechn.	Nomogr.	Nomogr.	Nomogr.	Rechn.	Rechn.	Rechn.	Rechn.	Nomogr.	Rechn.	Rechn.	Rechn.

Tabelle 5

I	II	III	IV	V	VI	VII	VIII	IX	X	XI	XII	XIII	XIV	XV
$\frac{z}{A}$	$\mathrm{cn}\, I$	$1+II$	III^2	III^3	$\sqrt{V}$	$(\sqrt{3}-1)\, II$	$(\sqrt{3}+1)-VII$	VIII^2	VIII^3	$\sqrt{X}$	$XI-VI$	$X-V$	$\sqrt{XIII}$	$\frac{XII}{XIV}$
Rechn.	Nomogr.	Rechn.	Nomogr.	Rechn.	Nomogr.	Rechn.	Rechn.	Nomogr.	Rechn.	Nomogr.	Rechn.	Rechn.	Nomogr.	Rechn.

Tabelle 4

Nr.	ξ	η
00	−1,0	0
01	−0,732	0
02	−0,506	0
03	−0,304	0
04	−0,093	0
05	0,116	0
06	0,342	0
07	0,576	0
08	0,788	0
09	0,938	0
010	1,0	0
10	−0,956	0,294
11	−0,710	0,235
12	−0,499	0,210
13	−0,304	0,204
14	−0,107	0,215
15	0,114	0,219
16	0,351	0,220
17	0,588	0,230
18	0,815	0,198
19	0,991	0,116
20	−0,849	0,524
21	−0,664	0,437
22	−0,476	0,394
23	−0,306	0,395
24	−0,112	0,426
25	0,088	0,441
26	0,320	0,476
27	0,602	0,497
28	0,894	0,448
30	−0,732	0,677
31	−0,602	0,591
32	−0,470	0,558
33	−0,311	0,560
34	−0,148	0,587
35	0,038	0,650
36	0,280	0,720
37	0,577	0,828
40	−0,633	0,771
41	−0,550	0,713
42	−0,450	0,696
43	−0,339	0,699
44	−0,213	0,749
45	−0,053	0,843
46	0,134	0,991
50	−0,567	0,820
51	−0,519	0,785
52	−0,453	0,774
53	−0,513	0,867
54	−0,292	0,864
55	−0,204	0,980
60	−0,528	0,848
61	−0,502	0,831
62	−0,464	0,833
63	−0,422	0,859
64	−0,381	0,934
70	−0,509	0,859
71	−0,496	0,847
72	−0,479	0,860
73	−0,461	0,884
80	−0,502	0,863
81	−0,497	0,860
82	−0,510	0,871
90	−0,5	0,866
91	−0,5	0,866
100	−0,5	0,866

Tabelle 6

Nr.	ξ	η	Nr.	ξ	η
00	0	0	40	0	0,428
01	0,182	0	41	0,193	0,423
02	0,357	0	42	0,381	0,424
03	0,525	0	43	0,567	0,380
04	0,672	0	44	0,744	0,333
05	0,798	0	45	0,886	0,260
06	0,892	0	46	0,984	0,174
07	0,952	0	50	0	0,533
08	0,986	0	51	0,195	0,527
09	1,0	0	52	0,392	0,526
010	1,0	0	53	0,591	0,490
10	0	0,105	54	0,787	0,431
11	0,102	0,145	55	0,946	0,336
12	0,366	0,102	60	0	0,654
13	0,522	0,096	61	0,202	0,646
14	0,678	0,083	62	0,402	0,645
15	0,797	0,062	63	0,625	0,618
16	0,897	0,044	64	0,839	0,544
17	0,959	0,026	70	0	0,760
18	0,986	0,012	71	0,190	0,760
19	1,0	0	72	0,401	0,778
20	0	0,208	73	0,658	0,761
21	0,183	0,209	80	0	0,846
22	0,368	0,198	81	0,182	0,877
23	0,529	0,187	82	0,4	0,915
24	0,690	0,162	90	0	0,932
25	0,820	0,125	91	0,147	0,983
26	0,912	0,088	100	0	0,997
27	0,972	0,052			
28	1,001	0,015			
30	0	0,322			
31	0,187	0,314			
32	0,372	0,310			
33	0,552	0,286			
34	0,717	0,251			
35	0,847	0,193			
36	0,946	0,136			
37	0,997	0,074			

Tabelle 7

I	II	III	IV	V
$\varphi_1 + i\psi_1$	$\sqrt{\lambda}\cdot I$	$\ln\left[\wp(II)-\frac{a}{\lambda}\right]$	$III + \ln\lambda$	$-\frac{c}{\pi}\cdot IV$
	Rechn.	Nomogr.	Rechn.	Rechn.

Tabelle 8

I	II	III	IV	V	VI	VII	VIII	IX	X	XI	XII
$\sqrt{\lambda}\,(\varphi_1+i\psi_1)$	$\ln(\wp(I)-e_2)$	$\wp(I)-e_2$	$(III+e_2)\lambda - a$	$\frac{1}{IV}$	$V+t_A$	$\sqrt{VI}$	$\frac{VI+1}{2}$	$\frac{VIII}{VII}$	$i\,tg\,\frac{\delta_1\pi}{2}\cdot IX$	$arctgh\,X$	$\frac{2c}{\pi}\cdot XI$
	Nomogr.	Nomogr.	Rechn.	Rechn.	Rechn.	Nomogr.	Rechn.	Rechn.	Rechn.	Nomogr.	Rechn.

Tabelle 9

I	II	III	IV	V	VI	VII	VIII	IX	X
$\sqrt{\lambda}(\varphi_1 + i\psi_1)$	$\ln(\wp(I) - e_2)$	$\wp(I) - e_2$	$(III + e_2)\lambda - a$	$\frac{IV + 1}{IV}$	$\sqrt{V}$	$VI - 1$	$VI + 1$	$\frac{VII}{VIII}$	IX^2
	Nomogr.	Nomogr.	Rechn.	Rechn.	Rechn.	Rechn.	Rechn.	Rechn.	Nomogr.

XI	XII	XIII	XIV	XV	XVI	XVII	
$\frac{\alpha X + \beta}{\gamma X + \delta}$	$\sqrt{XI}$	$\frac{XI + 1}{2}$	$\frac{XIII}{XII}$	$i \operatorname{tg} \frac{\delta_1 \pi}{2} \cdot XIV$	$\operatorname{arc} \operatorname{tgh} XV$	$\frac{2c}{\pi} \cdot XVI$	
Rechn.	Nomogr.	Rechn.	Rechn.	Rechn.	Nomogr.	Rechn.	

Tabelle 10

Nr.	φ_1	ψ_1	$z = x + iy$
6 a	0	0,6 ↓	− 37,806 + i 100
6 b	0,1		− 36,851 + i 91,068
6 c	0,2		− 34,050 + i 82,888
6 d	0,3		− 29,689 + i 75,694
6 e	0,4		− 24,278 + i 69,678
6 f	0,5		− 18,134 + i 64,871
7 a	0	0,7 ↓	− 29,784 + i 100
7 b	0,1		− 29,116 + i 93,265
7 c	0,2		− 26,951 + i 86,071
7 d	0,3		− 23,545 + i 80,087
7 e	0,4		− 19,153 + i 74,866
7 f	0,5		− 14,092 + i 70,665
8 a	0	0,8 ↓	− 23,418 + i 100
8 b	0,1		− 22,877 + i 94,538
8 c	0,2		− 21,158 + i 88,554
8 d	0,3		− 18,421 + i 83,588
8 e	0,4		− 14,887 + i 79,259
8 f	0,5		− 10,654 + i 75,599
9 a	0	0,9 ↓	− 18,134 + i 100
9 b	0,1		− 17,593 + i 95,334
9 c	0,2		− 16,192 + i 90,718
9 d	0,3		− 13,964 + i 86,580
9 e	0,4		− 11,010 + i 82,952
9 f	0,5		− 7,503 + i 79,832

Tabelle 11

Nr.	φ_1	ψ_1	$Z = X + iY$	$z = x + iy$
6 e	0,5204	0,7806	0,357 − i 1,000	− 13,579 + i 73,657
6 f	0,6505	↓	0,551 − i 0,862	− 7,334 + i 70,346
6 g	0,7806		0,757 − i 0,722	− 0,191 + i 68,023
6 h	0,9107		0,882 − i 0,575	6,646 + i 67,622
7 c	0,2602	0,9107	− 0,294 − i 0,532	− 17,443 + i 88,108
7 d	0,3903	↓	− 0,028 − i 0,668	− 14,069 + i 82,761
7 e	0,5204		0,232 − i 0,691	− 9,854 + i 78,814
7 f	0,6505		0,450 − i 0,644	− 4,998 + i 76,191
7 g	0,7806		0,622 − i 0,573	0,513 + i 74,523
7 h	0,9107		0,753 − i 0,468	6,092 + i 74,484
8 c	0,2602	1,0408	− 0,144 − i 0,337	− 12,471 + i 90,464
8 d	0,3903	↓	0,040 − i 0,440	− 9,950 + i 86,103
8 e	0,5204		0,224 − i 0,475	− 6,799 + i 82,952
8 f	0,6505		0,407 − i 0,461	− 3,018 + i 80,692
8 g	0,7806		0,553 − i 0,418	1,114 + i 79,737
8 h	0,9107		0,677 − i 0,359	5,825 + i 79,737
9 c	0,2602	1,1710	− 0,022 − i 0,219	− 8,181 + i 91,673
9 d	0,3903	↓	0,100 − i 0,284	− 6,564 + i 88,363
9 e	0,5204		0,238 − i 0,313	− 4,437 + i 85,880
9 f	0,6505		0,384 − i 0,313	− 1,719 + i 84,161
9 g	0,7806		0,510 − i 0,286	1,369 + i 83,716

Tabelle 12

Nr.	φ_1	ψ_1	$Z = X + iY$	$z = x + iy$
6d	0,1687	0,3374	− 4,849 − i 5,259	− 17,348 + i 78,686
6e	0,2249	↓	− 2,864 − i 5,154	− 11,561 + i 74,357
6f	0,2812		− 1,342 − i 4,554	− 5,895 + i 71,161
6g	0,3374		− 0,257 − i 3,795	+ 1,324 + i 68,437
6h	0,3936		+ 0,453 − i 3,012	+ 8,588 + i 67,800
7d	0,1687	0,3936	− 4,536 − i 3,447	− 12,299 + i 83,092
7e	0,2249	↓	− 3,122 − i 3,574	− 8,486 + i 79,463
7f	0,2812		− 1,911 − i 3,346	− 3,355 + i 77,655
7g	0,3374		− 0,893 − i 2,941	+ 2,387 + i 75,089
7h	0,3936		− 0,197 − i 2,391	+ 8,117 + i 74,994
8d	0,1687	0,4499	− 4,219 − i 2,087	− 8,085 + i 86,962
8e	0,2249	↓	− 3,166 − i 2,385	− 5,246 + i 83,461
8f	0,2812		− 2,154 − i 2,324	− 1,324 + i 80,997
8g	0,3374		− 1,289 − i 2,103	+ 3,037 + i 80,278
8h	0,3936		− 0,604 − i 1,784	+ 8,066 + i 80,405
9d	0,1687	0,5061	− 3,967 − i 1,170	− 5,793 + i 93,456
9e	0,2249	↓	− 3,113 − i 1,455	− 2,960 + i 86,134
9f	0,2812		− 2,259 − i 1,455	− 0,095 + i 84,849
9g	0,3374		− 1,509 − i 1,354	+ 3,068 + i 84,575
9h	0,3936		− 0,864 − i 1,176	+ 7,283 + i 85,434
$\bar{0}$d	0,1687	0,5623	− 3,716 − i 0,569	− 2,228 + i 89,731
$\bar{0}$e	0,2249	↓	− 3,078 − i 0,601	− 1,114 + i 88,172
$\bar{0}$f	0,2812		− 2,335 − i 0,664	+ 0,032 + i 87,026
$\bar{0}$g	0,3374		− 1,620 − i 0,614	+ 2,037 + i 88,044
$\bar{0}$h	0,3936		− 1,007 − i 0,563	+ 11,338 + i 90,527

Tabelle 13

I	II	III	IV	V	VI	VII	VIII	IX
$Z=X+iY$	$I\cdot\zeta(2\beta)$	$I\cdot\sqrt{e_1-e_3}$	$\frac{1}{2}\ln\left[\wp(Z)-e_1\right]$	$(II+IV)\cdot\frac{i\Gamma}{2\pi}$	$\frac{dn\,III}{sn\,III\cdot cn\,III}$	$VI\cdot\sqrt{e_1-e_3}$	$VII-\zeta(2\beta)$	$VIII\cdot 2c\cdot u_\infty$
	Rechnung		Nomogramm	Rechnung	Nomogramm	Rechnung	Rechnung	Rechnung

X	XI	XII	XIII	XIV	XV	XVI	XVII	XVIII
$2\left[\zeta(X)-i\,\zeta(Y)\right]$	$\wp'(X)$	$\wp'(Y)$	$\wp(X)$	$\wp(Y)$	$\frac{XI-i\,XII}{XIII+XIV}$	$(X+XV-VIII)(-2c\cdot i\,v_\infty)$	$I\cdot i\,K$	$V+IX+XVI+XVII=\Omega(Z)$
Tabelle	Nomogramme[1] oder Rechnung				Rechnung	Rechnung	Rechnung	Rechnung

[1] $\wp'(X)$, $\wp'(Y)$ aus Nomogramm, indem man $(e^{VI+2IV})_{Z=X}$ und $(e^{VI+2IV})_{Z=Y}$ bildet,
$\wp(X)$, $\wp(Y)$ aus Nomogramm, indem man $(e^{2IV}+e_1)_{Z=X}$ und $(e^{2IV}+e_1)_{Z=Y}$ bildet.

Additional material from *Untersuchungen über die praktische Verwendbarkeit einiger Verfahren der angewandten Mathematik, insbesondere der graphischen Analysis, sowie Entwicklung weiterer Verfahren für bestimmte Anwendungsaufgaben,*
ISBN 978-3-663-06560-9 (978-3-663-06560-9_OSFO1),
is available at http://extras.springer.com

EXTRA
MATERIALS
extras.springer.com

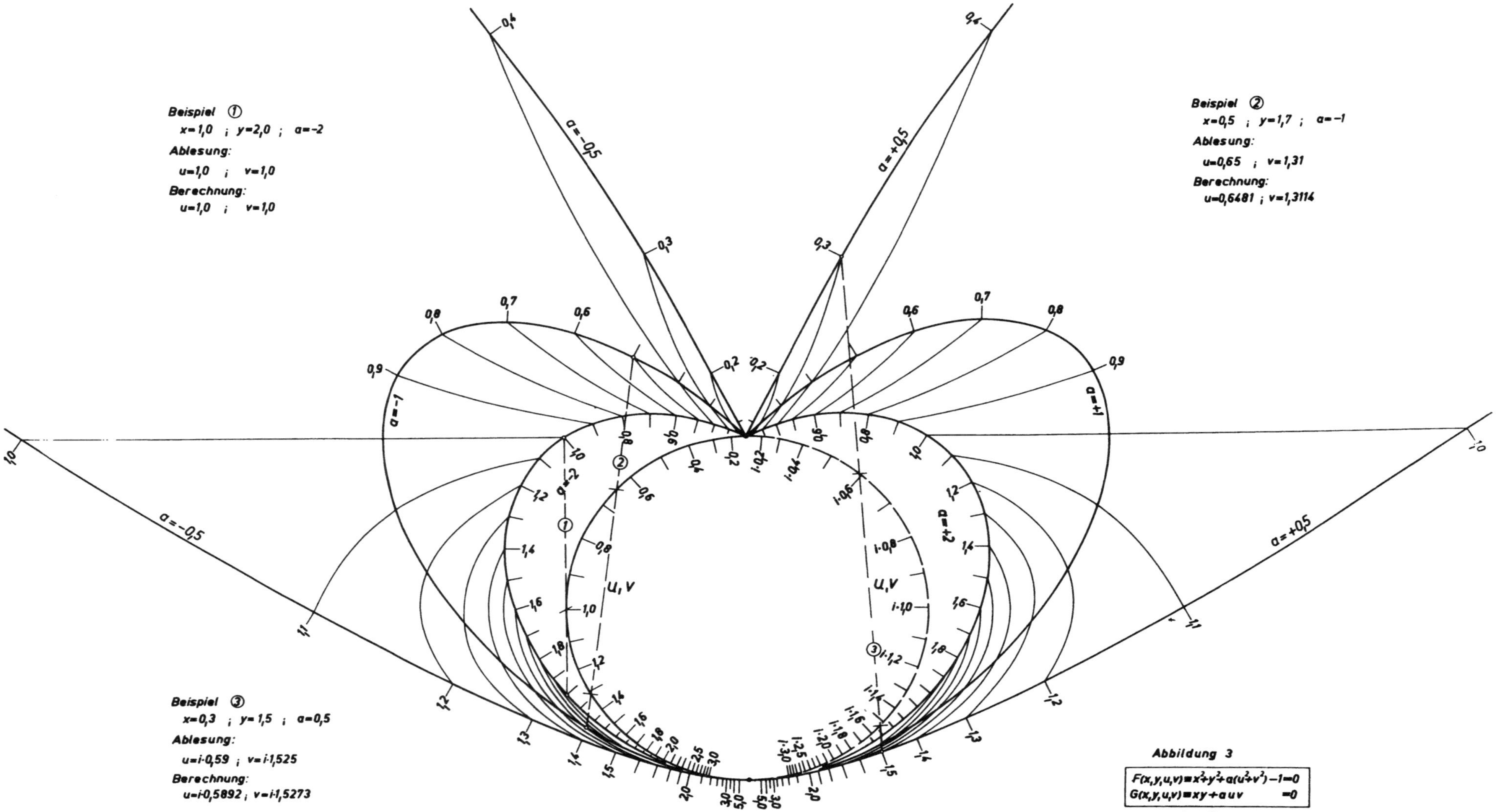

Abbildung 3

$F(x,y,u,v) \equiv x^2+y^2+a(u^2+v^2)-1=0$
$G(x,y,u,v) \equiv xy+auv=0$

$r=1\,,\ \vartheta_0=1\,.$

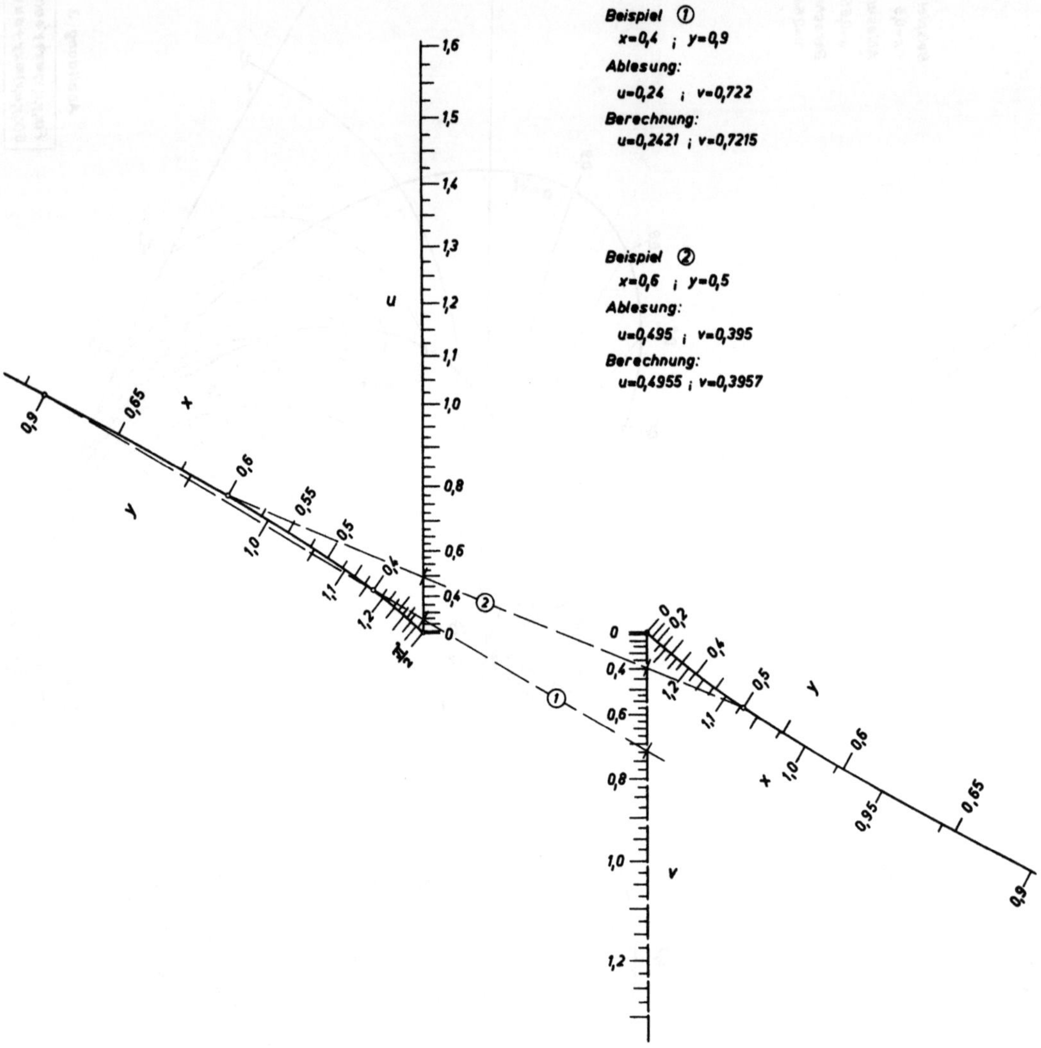

Abbildung 4

$u = \sin x \cos y$
$v = \cos x \sin y$

$c = 1{,}0$, $c_1 = 1{,}0$, $c_2 = -1{,}0$,
$d_1 = d_2 = 0$.

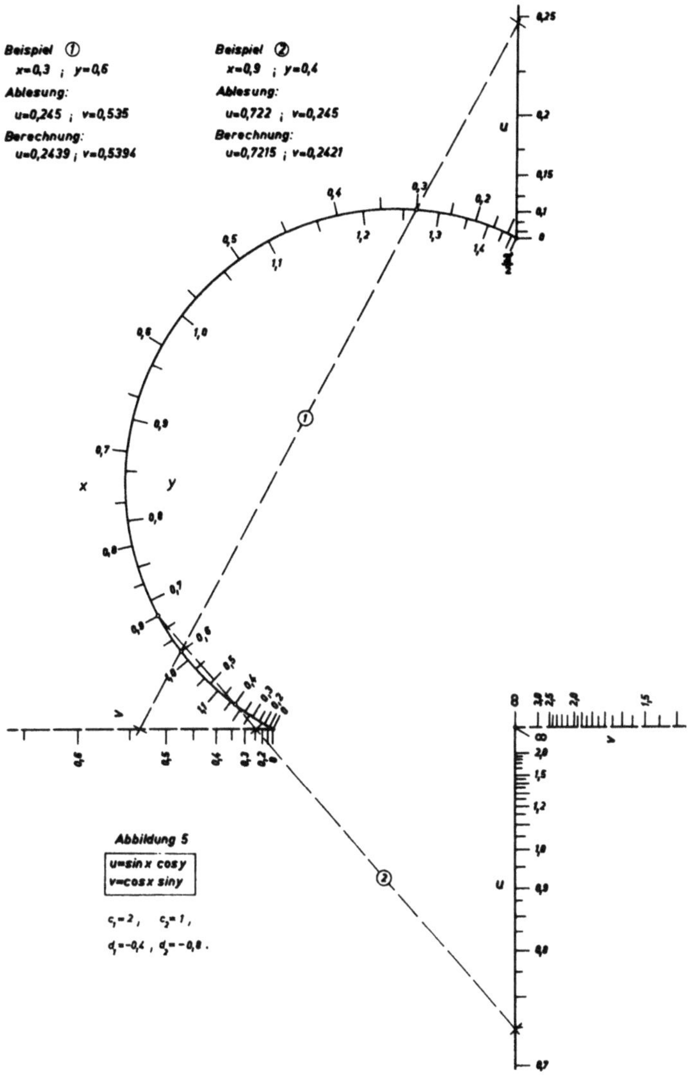

Abbildung 5

u=sin x cos y
v=cos x sin y

$c_1=2$, $c_2=1$,
$d_1=-0{,}4$, $d_2=-0{,}8$.

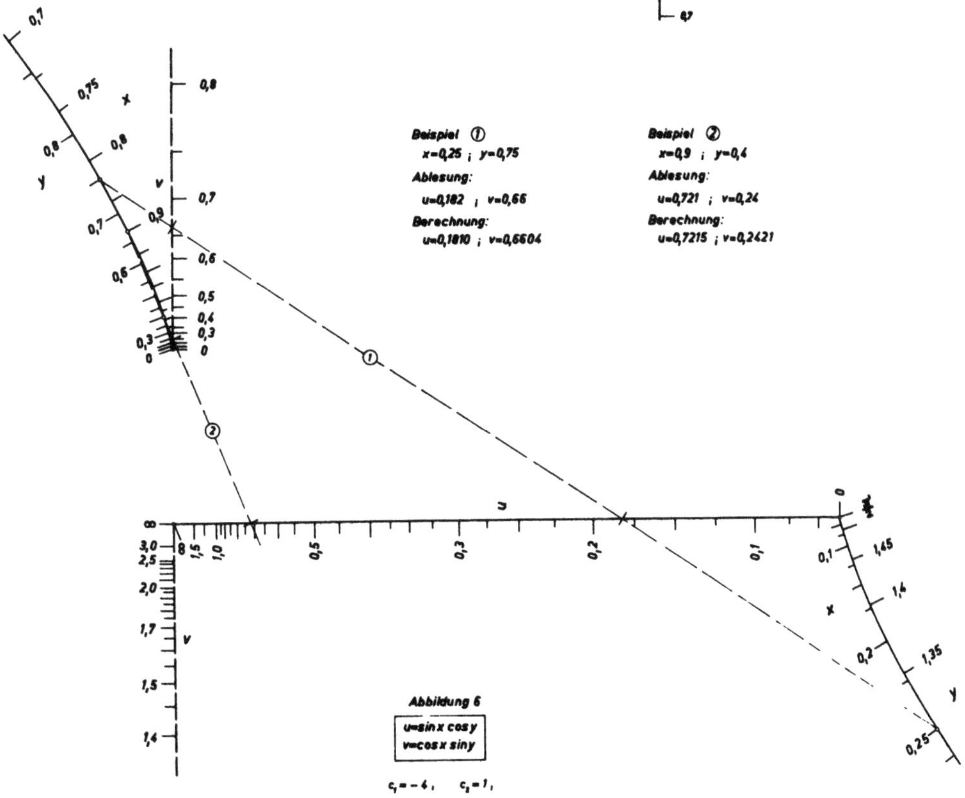

Abbildung 6

u=sin x cos y
v=cos x sin y

$c_1=-4$, $c_2=1$,
$d_1=-\frac{1}{4}$, $d_2=-1$.

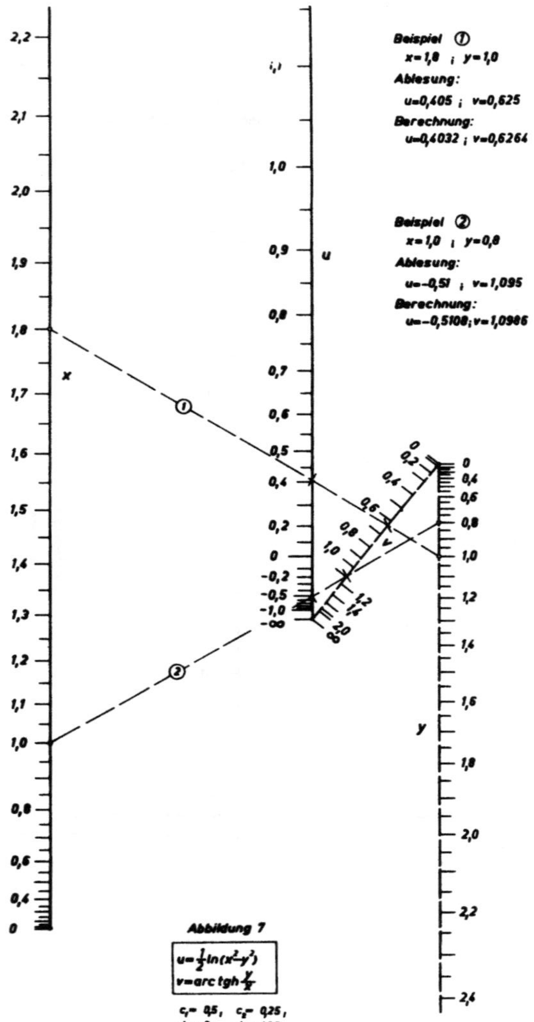

Abbildung 7

$$u=\frac{1}{2}\ln(x^2-y^2)$$
$$v=\operatorname{arctgh}\frac{y}{x}$$

$c_1 = 0{,}5$, $c_2 = 0{,}25$, $d_1 = 0$, $d_2 = 1{,}25$.

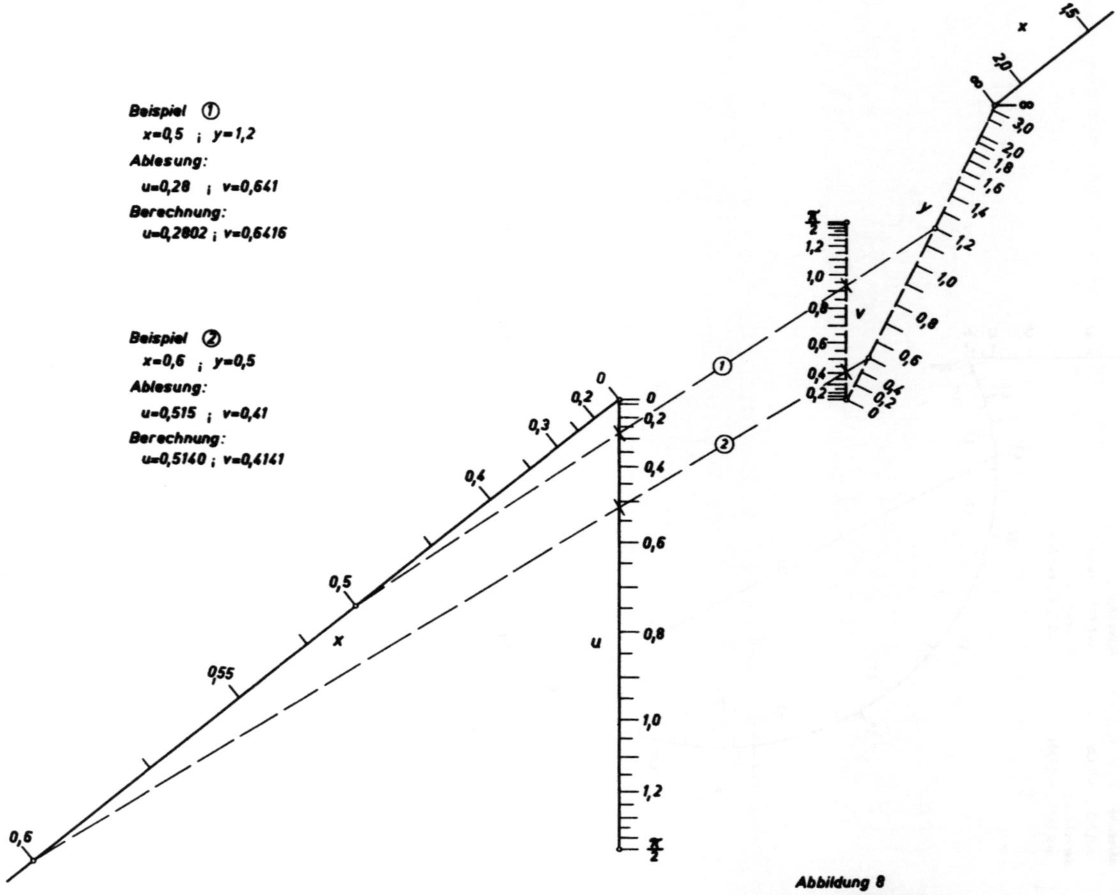

Abbildung 8

$$u=\arcsin\frac{\sinh x}{\sqrt{\cosh^2 x+\sinh^2 y}}$$
$$v=\frac{1}{2}\arcsin 2\frac{\sinh y\cosh x}{\cosh^2 x+\sinh^2 y}$$

$c = 1{,}0$, $c_1 = 1{,}0$, $c_2 = -0{,}4$,
$d_1 = 0$, $d_2 = 1{,}4$.

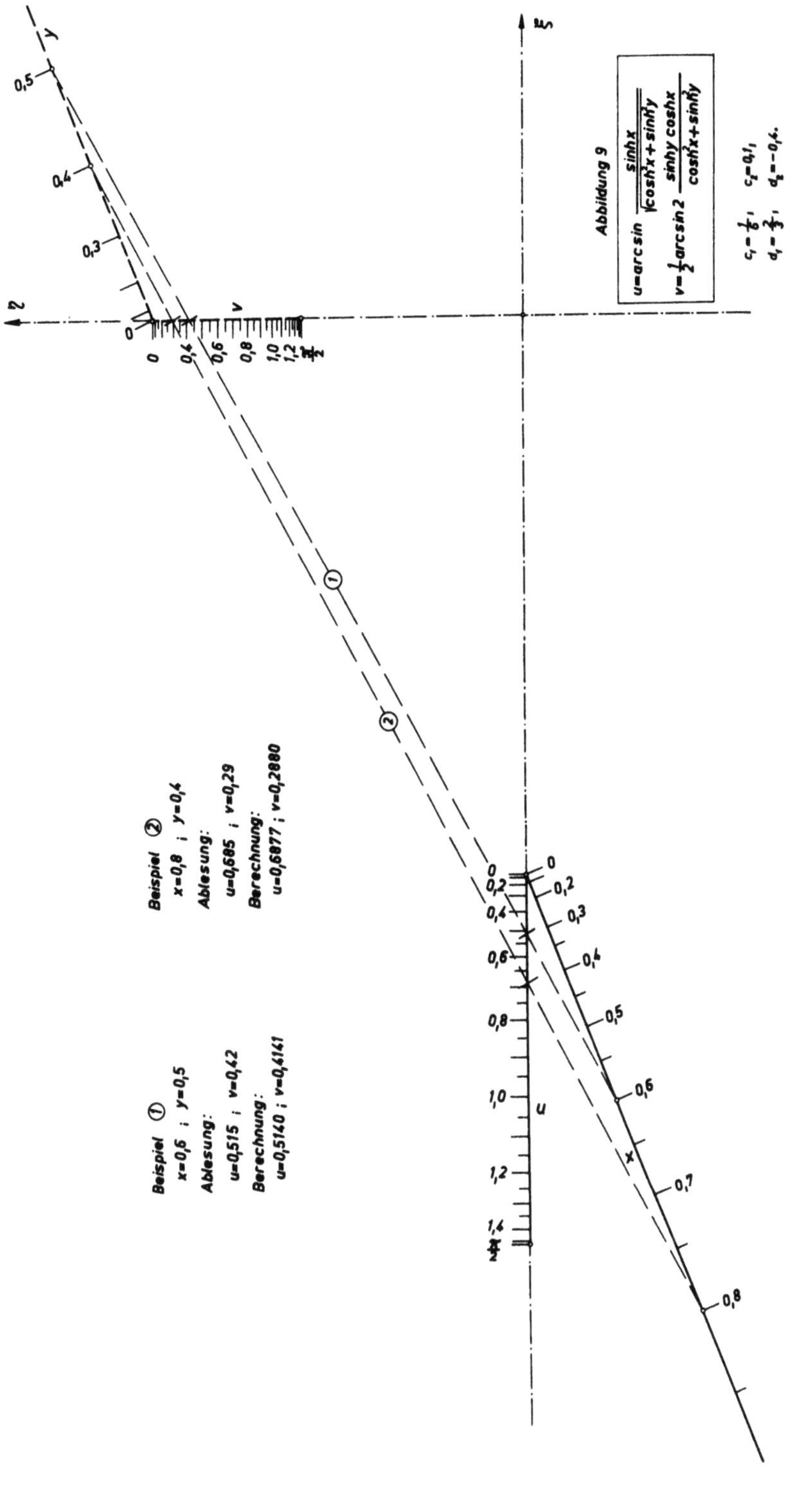
Abbildung 9
u=arcsin sinhx / √(cosh²x + sinh²y)
v=½ arcsin 2 · sinhy coshx / (cosh²x + sinh²y)
c₁ = 1/6 , c₂ = 0,1 ,
d₁ = 2/3 , d₂ = −0,4.
Beispiel ①
x=0,6 ; y=0,5
Ablesung:
u=0,515 ; v=0,42
Berechnung:
u=0,5140 ; v=0,4141
Beispiel ②
x=0,8 ; y=0,4
Ablesung:
u=0,685 ; v=0,29
Berechnung:
u=0,6877 ; v=0,2880
y
x
u
v
ξ
η

Beispiel ①

$x=0{,}5$; $y=0{,}6$; $k^2=0{,}2$

Ablesung:

$u=0{,}483$; $v=0{,}58$

Berechnung:

$u=0{,}4826$; $v=0{,}5826$

Beispiel ②

$x=0{,}8$; $y=1{,}0$; $k^2=0{,}5$

Ablesung:

$u=0{,}666$; $v=0{,}706$

Berechnung:

$u=0{,}6666$; $v=0{,}7048$

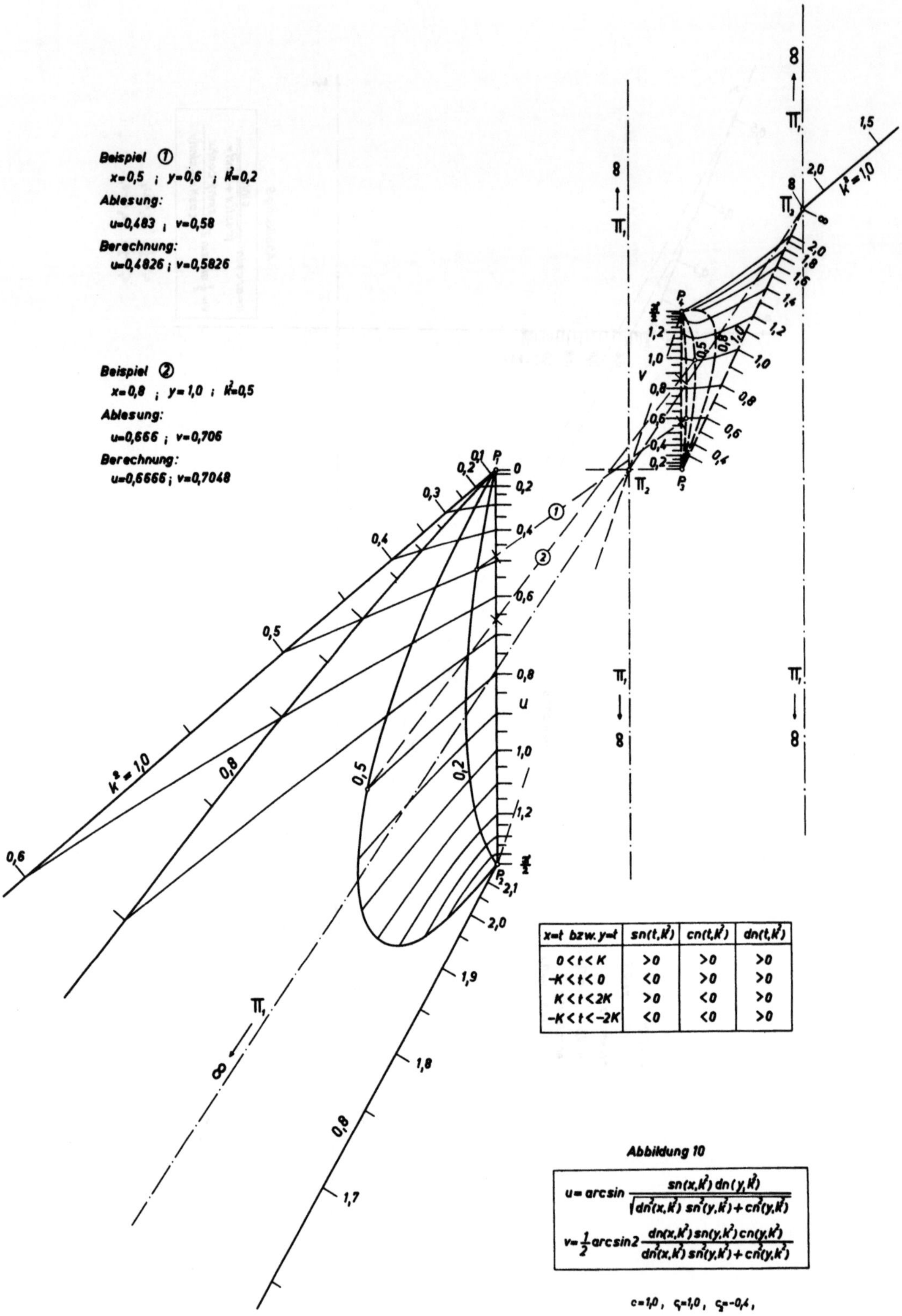

x=t bzw. y=t	sn(t,k²)	cn(t,k²)	dn(t,k²)
0 < t < K	>0	>0	>0
−K < t < 0	<0	>0	>0
K < t < 2K	>0	<0	>0
−K < t < −2K	<0	<0	>0

Abbildung 10

$$u = \arcsin \frac{sn(x,k^2)\, dn(y,k^2)}{\sqrt{dn^2(x,k^2)\, sn^2(y,k^2) + cn^2(y,k^2)}}$$

$$v = \frac{1}{2} \arcsin 2 \frac{dn(x,k^2)\, sn(y,k^2)\, cn(y,k^2)}{dn^2(x,k^2)\, sn^2(y,k^2) + cn^2(y,k^2)}$$

$c=1{,}0$, $c_1=1{,}0$, $c_2=-0{,}4$,

$d_1=0$, $d_2=1{,}4$.

Additional material from *Untersuchungen über die praktische Verwendbarkeit einiger Verfahren der angewandten Mathematik, insbesondere der graphischen Analysis, sowie Entwicklung weiterer Verfahren für bestimmte Anwendungsaufgaben*,
ISBN 978-3-663-06560-9 (978-3-663-06560-9_OSFO2),
is available at http://extras.springer.com

EXTRA MATERIALS
extras.springer.com

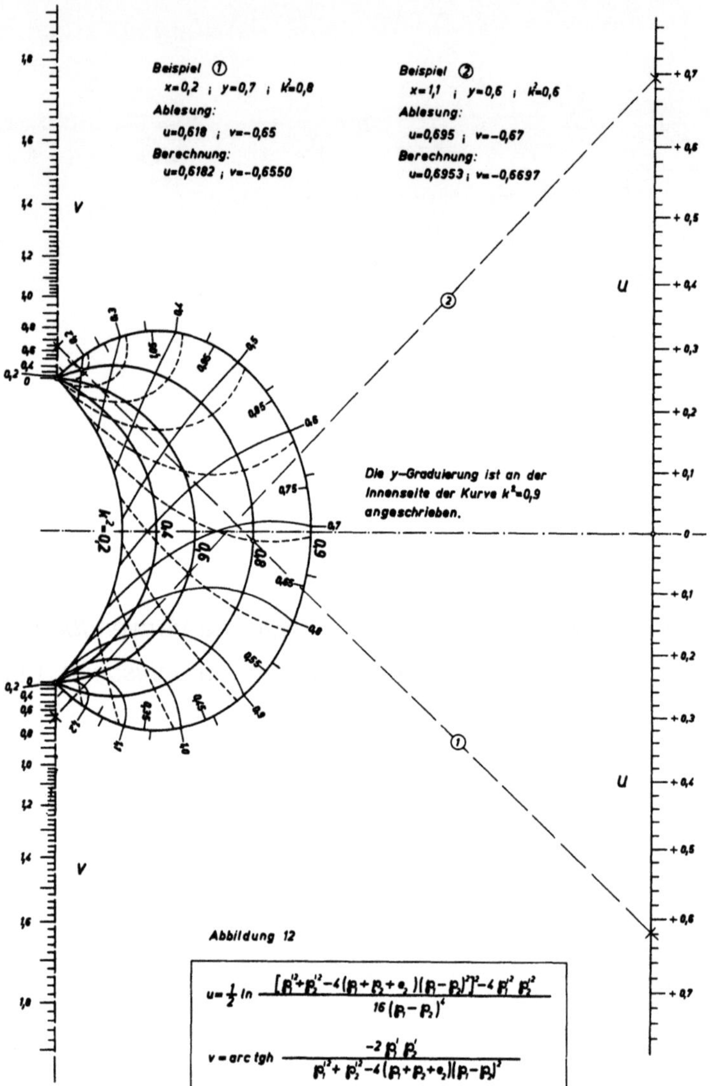

Abbildung 12

$$u = \frac{1}{2} \ln \frac{[\wp_1'^2 + \wp_2'^2 - 4(\wp_1 + \wp_2 + e_2)(\wp_1 - \wp_2)^2]^2 - 4\wp_1'^2 \wp_2'^2}{16(\wp_1 - \wp_2)^4}$$

$$v = \operatorname{arc\,tgh} \frac{-2\wp_1' \wp_2'}{\wp_1'^2 + \wp_2'^2 - 4(\wp_1 + \wp_2 + e_2)(\wp_1 - \wp_2)^2}$$

$$\wp_1 = \wp(x; e_1, e_2, e_3), \quad \wp_2 = \wp(y; e_1, e_2, e_3),$$

$$k^2 = \frac{e_2 - e_3}{e_1 - e_3}, \quad (e_2 - e_1)(e_2 - e_3) = -16.$$

$c_1 = 1$, $c_2 = -\frac{1}{2}$, $d_1 = d_2 = 0$.

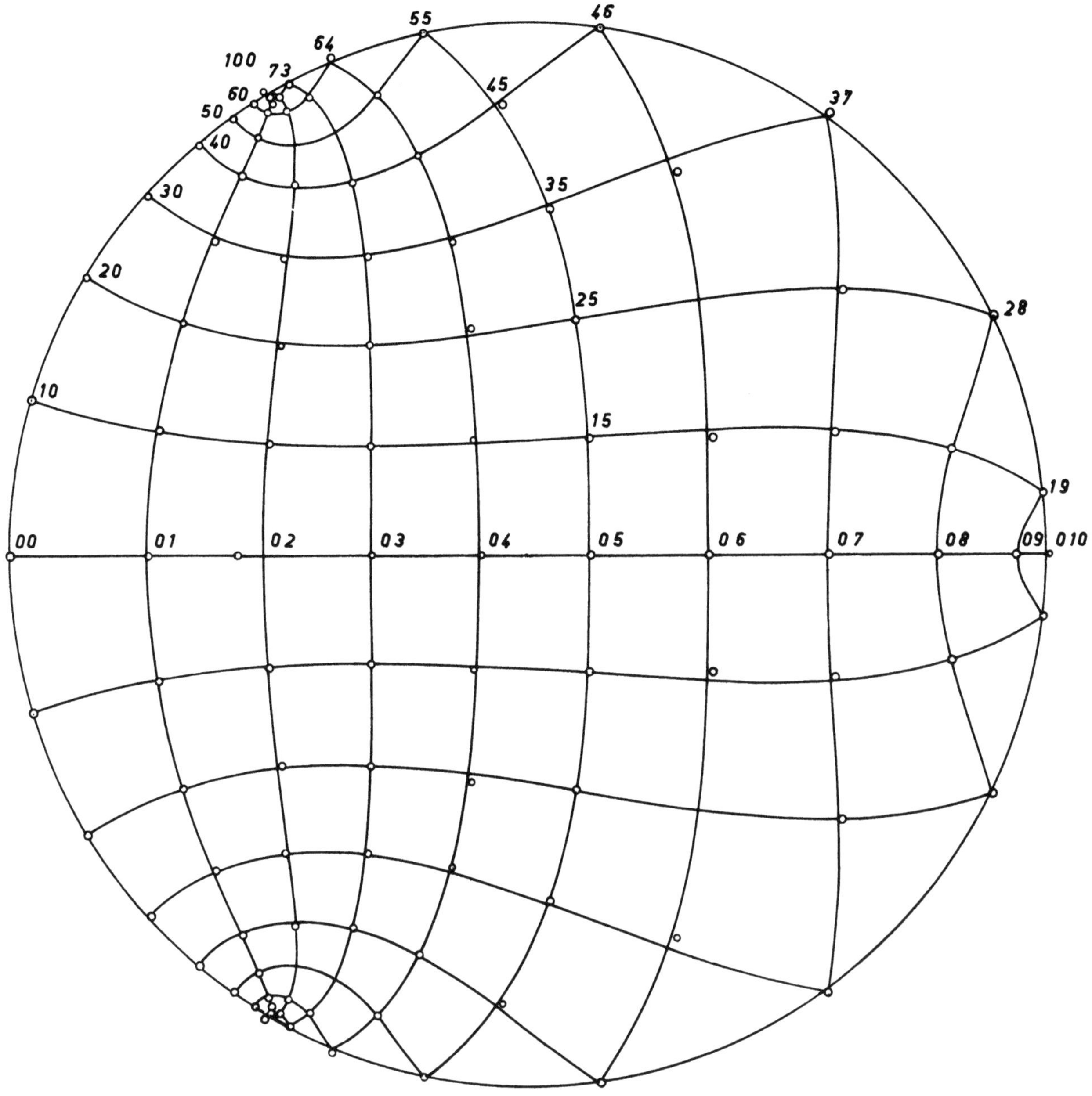

Abbildung 13

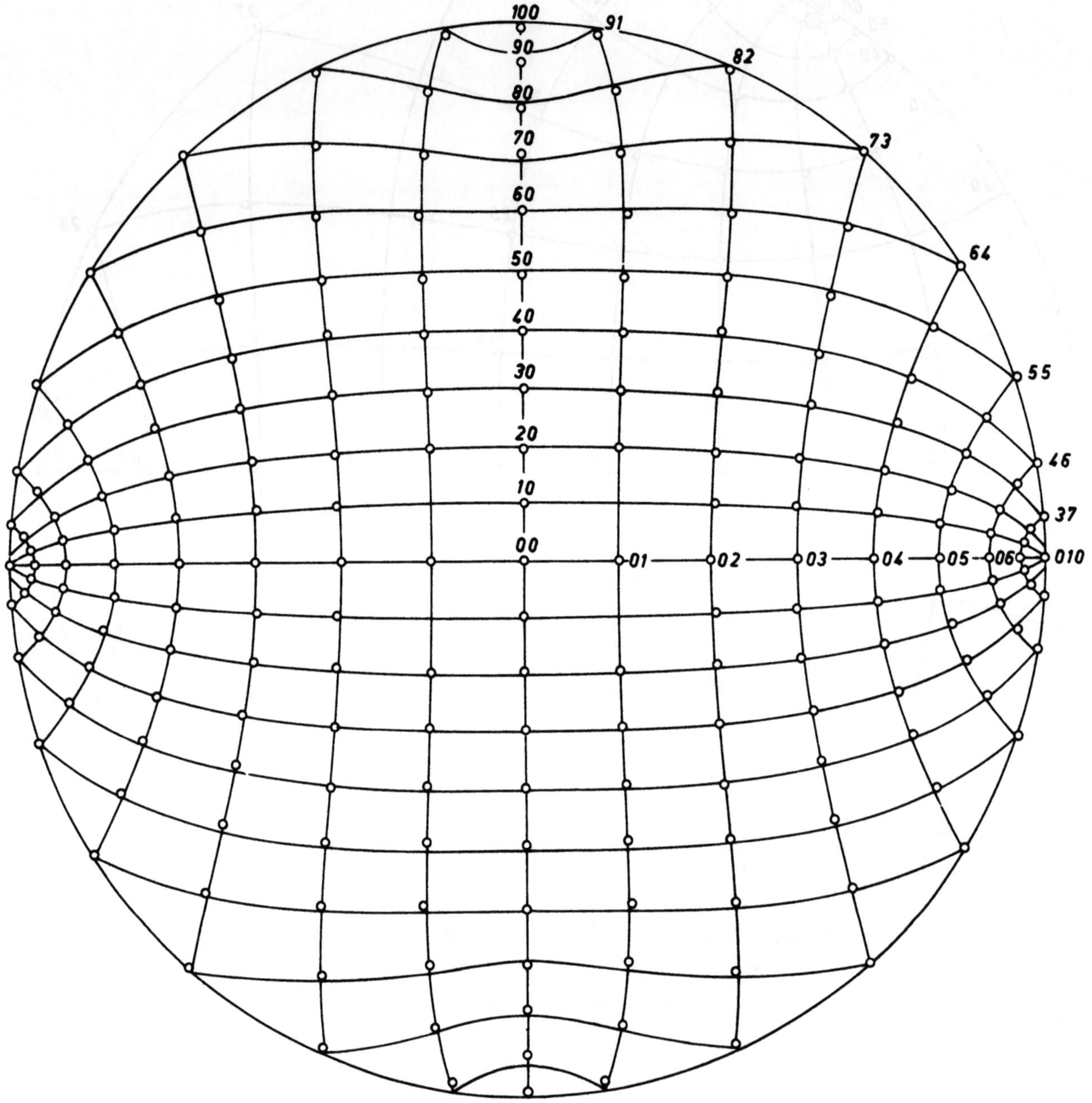

Abbildung 14

Additional material from *Untersuchungen über die praktische Verwendbarkeit einiger Verfahren der angewandten Mathematik, insbesondere der graphischen Analysis, sowie Entwicklung weiterer Verfahren für bestimmte Anwendungsaufgaben*,
ISBN 978-3-663-06560-9 (978-3-663-06560-9_OSFO3),
is available at http://extras.springer.com

EXTRA
MATERIALS
extras.springer.com

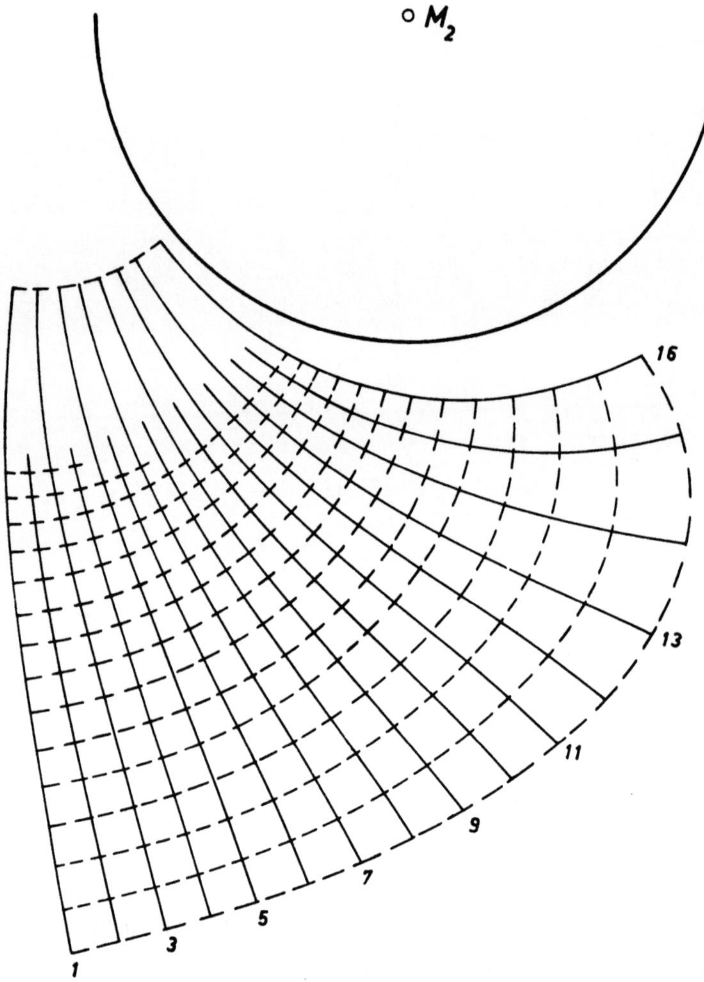

Abbildung 20

$\Gamma = 97{,}652766\ m^2/sec$, $\varkappa = -12{,}035150\ m^2/sec$

a, c, v_∞ wie in Abbildung 22

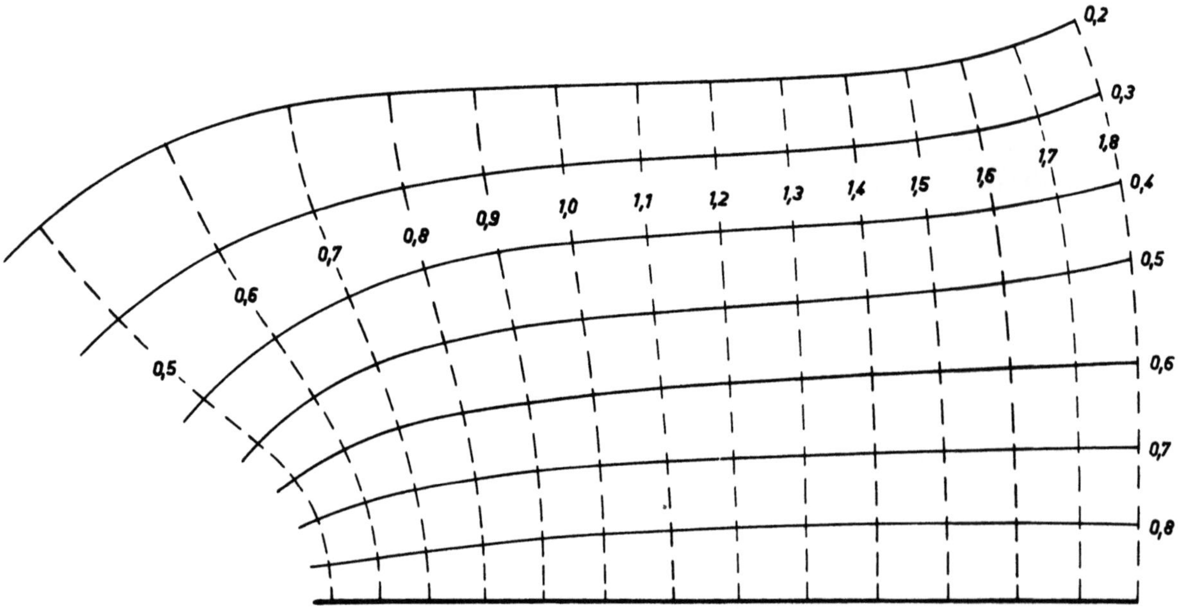

Abbildung 21 (φ-ψ-Ebene zu Abbildung 20).

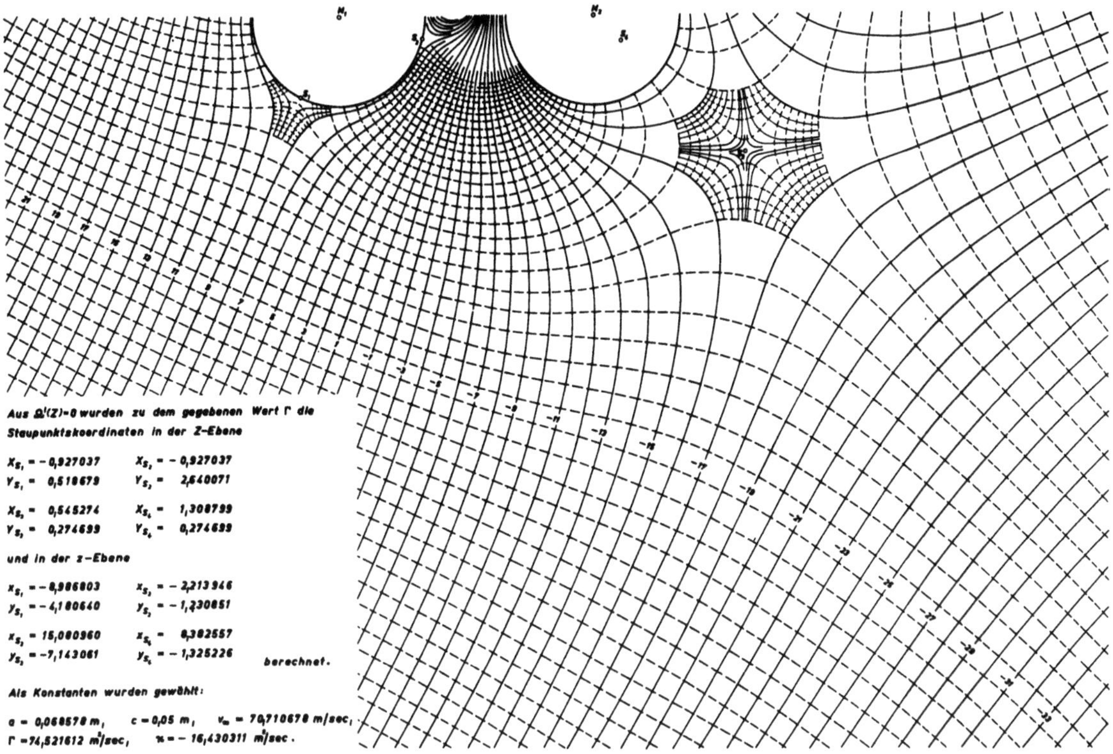

Abbildung 22

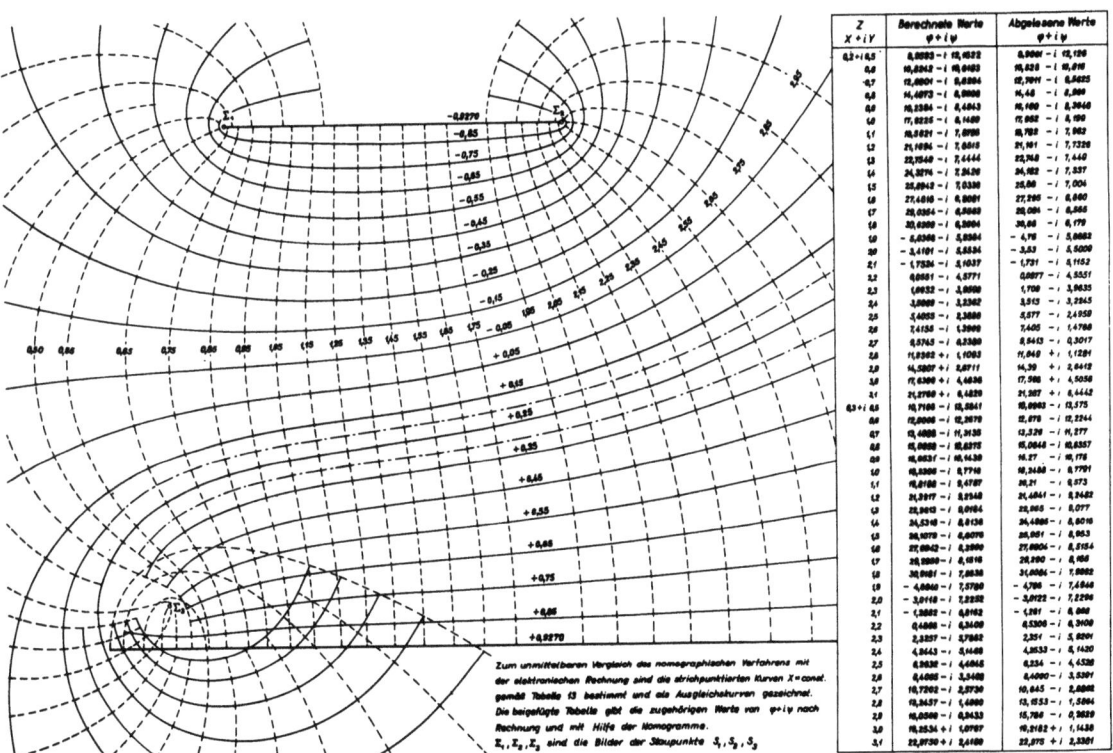

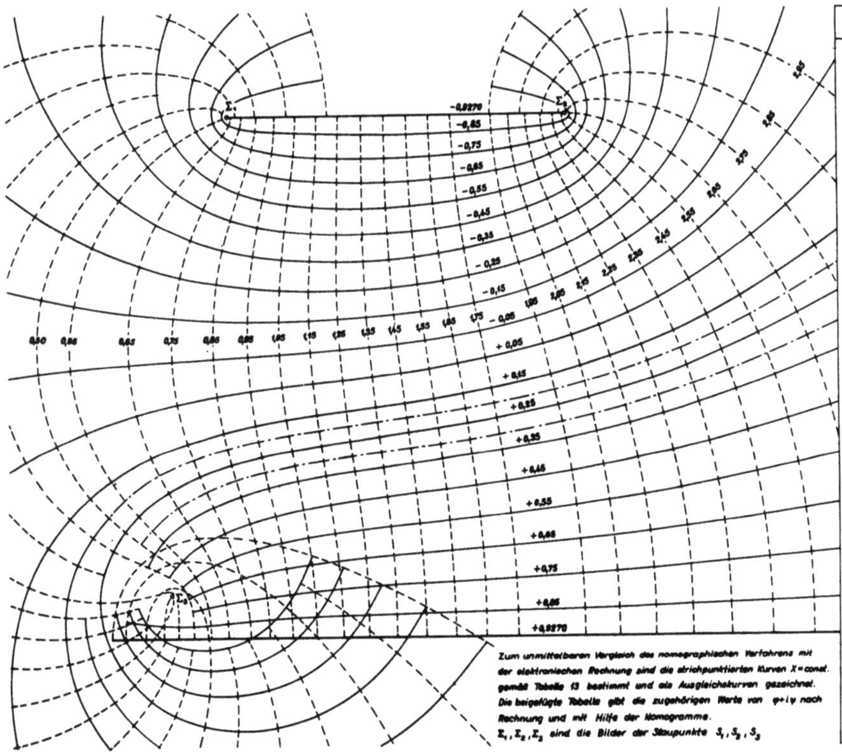

Z X + iY	Berechnete Werte $\varphi + i\psi$	Abgelesene Werte $\varphi + i\psi$
0,2+i 0,5	8,0583 − i 12,4522	8,9001 − i 12,126
0,6	10,8242 − i 10,0483	10,828 − i 10,016
0,7	12,0801 − i 9,6394	12,7011 − i 9,5625
0,8	14,4073 − i 8,9800	14,48 − i 8,900
0,9	16,2384 − i 8,4843	16,160 − i 8,3640
1,0	17,8225 − i 8,1480	17,852 − i 8,190
1,1	19,5821 − i 7,8795	19,782 − i 7,962
1,2	21,1694 − i 7,6515	21,161 − i 7,7326
1,3	22,7540 − i 7,4444	22,748 − i 7,440
1,4	24,3274 − i 7,2426	24,182 − i 7,337
1,5	25,8942 − i 7,0338	25,88 − i 7,004
1,6	27,4616 − i 6,8081	27,286 − i 6,880
1,7	29,0354 − i 6,5663	29,084 − i 6,555
1,8	30,6309 − i 6,2904	30,68 − i 6,179
1,9	− 5,0368 − i 5,9394	− 4,78 − i 5,8882
2,0	− 3,4101 − i 5,5534	− 3,53 − i 5,5009
2,1	− 1,7524 − i 5,1037	− 1,731 − i 5,1152
2,2	0,0551 − i 4,5771	0,0877 − i 4,5551
2,3	1,8932 − i 3,9590	1,709 − i 3,9635
2,4	3,5069 − i 3,2362	3,515 − i 3,2245
2,5	5,4055 − i 2,3880	5,577 − i 2,4959
2,6	7,4155 − i 1,3900	7,405 − i 1,4768
2,7	9,5765 − i 0,2380	9,5413 − i 0,3017
2,8	11,9362 + i 1,1083	11,849 + i 1,1281
2,9	14,5807 + i 2,6711	14,39 + i 2,6412
3,0	17,6309 + i 4,4636	17,588 + i 4,5058
3,1	21,2769 + i 6,4829	21,207 + i 6,4442
0,3+i 0,5	10,7169 − i 13,5841	10,0983 − i 13,575
0,6	12,0006 − i 12,2679	12,878 − i 12,2244
0,7	13,4088 − i 11,3130	13,329 − i 11,277
0,8	15,0858 − i 10,6375	15,0646 − i 10,6357
0,9	16,6531 − i 10,1430	16,27 − i 10,178
1,0	18,3306 − i 9,7710	18,2488 − i 9,7791
1,1	19,8198 − i 9,4787	20,21 − i 9,573
1,2	21,3917 − i 9,2348	21,4041 − i 9,2482
1,3	22,9613 − i 9,0184	22,865 − i 9,077
1,4	24,5318 − i 8,8138	24,4886 − i 8,8016
1,5	26,1079 − i 8,6070	25,951 − i 8,953
1,6	27,6942 − i 8,3900	27,8804 − i 8,5154
1,7	29,2800 − i 8,1516	29,200 − i 8,166
1,8	30,9181 − i 7,8838	31,0084 − i 7,9962
1,9	− 4,6840 − i 7,5780	− 4,786 − i 7,4946
2,0	− 3,0118 − i 7,2252	− 3,0122 − i 7,2296
2,1	− 1,2882 − i 6,8162	− 1,261 − i 6,888
2,2	0,4866 − i 6,3409	0,5306 − i 6,3109
2,3	2,3257 − i 5,7862	2,351 − i 5,9201
2,4	4,2443 − i 5,1448	4,2533 − i 5,1420
2,5	6,2632 − i 4,4045	6,234 − i 4,4528
2,6	8,4085 − i 3,5408	8,4090 − i 3,5391
2,7	10,7202 − i 2,5730	10,645 − i 2,8882
2,8	13,2457 − i 1,4980	13,1553 − i 1,5864
2,9	16,0509 − i 0,2433	15,786 − i 0,2629
3,0	19,2534 + i 1,0767	19,2182 + i 1,1438
3,1	22,9730 + i 2,4169	22,975 + i 2,3381

Abbildung 23 (φ-ψ-Ebene zu Abbildung 22)

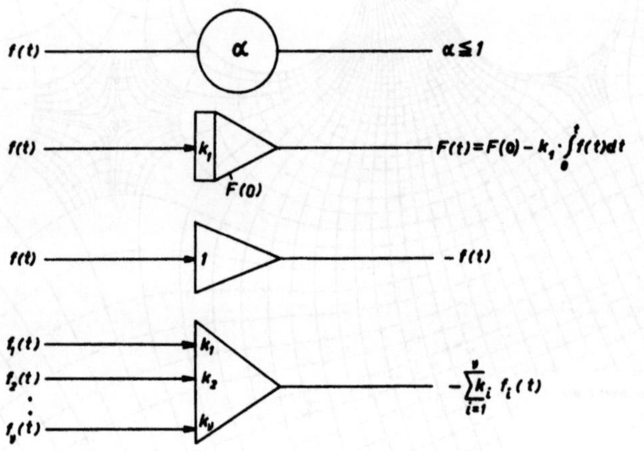

Abbildung 26

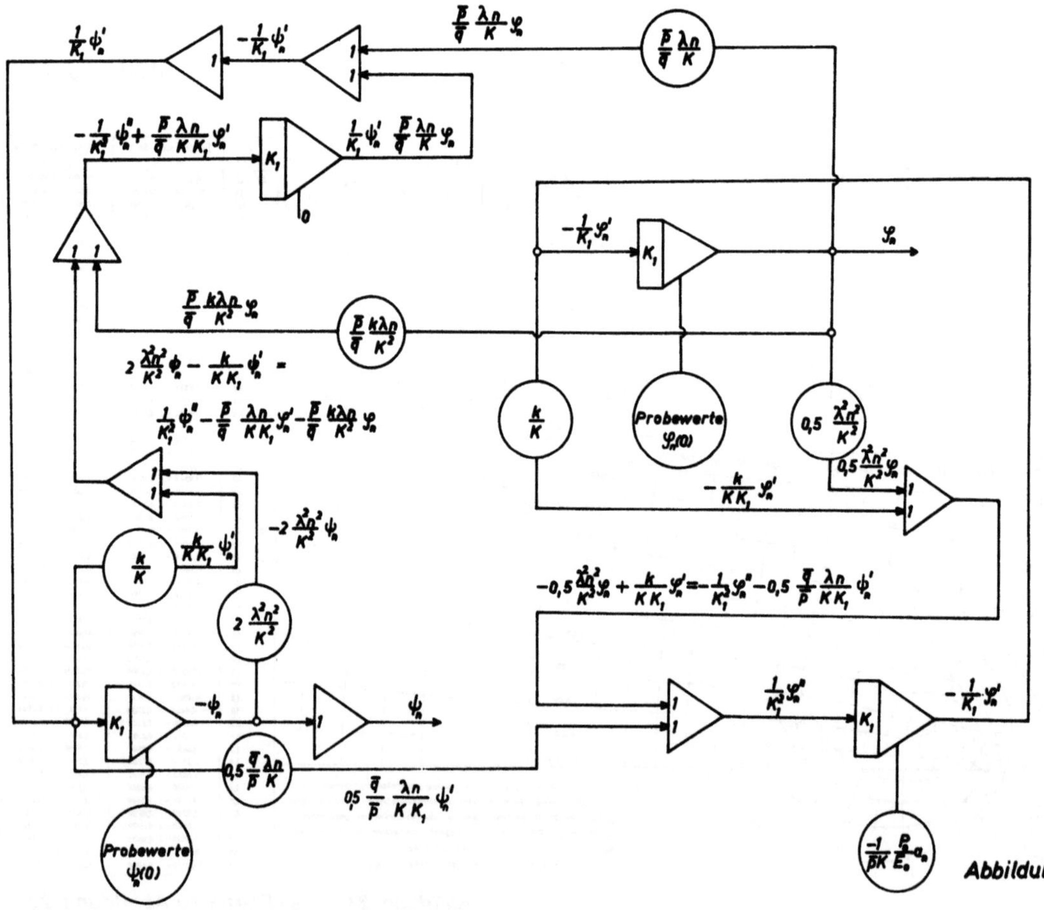

Abbildung 27

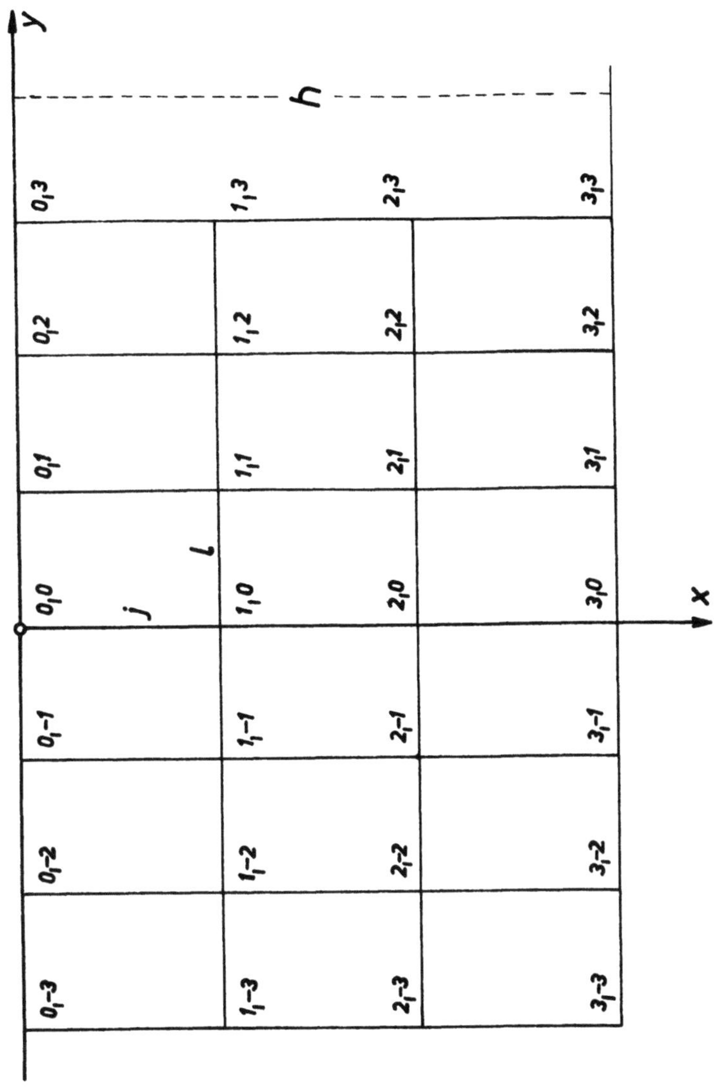

Abbildung 28

FORSCHUNGSBERICHTE
DES LANDES NORDRHEIN-WESTFALEN

Herausgegeben
im Auftrage des Ministerpräsidenten Dr. Franz Meyers
von Staatssekretär Professor Dr. h. c., Dr. E. h. Leo Brandt

MATHEMATIK

HEFT 1003
Prof. Dr. rer. techn. F. Reutter, Aachen
Untersuchungen über die praktische Verwendbarkeit einiger Verfahren der angewandten Mathematik, insbesondere der graphischen Analysis, sowie Entwicklung weiterer Verfahren für bestimmte Anwendungsaufgaben

MIX
Papier aus verantwortungsvollen Quellen
Paper from responsible sources
FSC® C105338

If you have any concerns about our products,
you can contact us on
ProductSafety@springernature.com

In case Publisher is established outside the EU,
the EU authorized representative is:
Springer Nature Customer Service Center GmbH
Europaplatz 3, 69115 Heidelberg, Germany

Printed by Libri Plureos GmbH
in Hamburg, Germany